李麗——著

重啟的二次人生

孩子讓我成為更好的自己

心理諮商師 × 老公前世情人

▶ 從懷孕生產到全職媽媽
苦中作樂、笑中帶淚的育兒日記 ◀

在孩子牙牙學語時，你是否耐心傾聽過孩子的語言？
對兒子說「男兒有淚不輕彈」，
其實是語言暴力的一種？
許多成人早已習以為常的景象，用兒童的目光竟能發
現截然不同的世界！
孩子總有「十萬個為什麼」，面對家中小寶貝各種好
氣又好笑的問題，
爸媽應該如何作答？

在「育兒」這條道路上，我們都在持續不斷地學習！

目錄

目錄

目錄

第二章　你的成長碎片，我的燦爛詩篇

第三章　透過孩子言行，發現內在自己

第四章　在苦惱中成長

目錄

第六章　父母與孩子的關係

目錄

序言

某天夜晚，看到女兒傾瀉一頭長髮，身材修長，睡在我的旁邊，忽然驚覺：那個胖嘟嘟、只會揮揮手臂動動腳的小寶寶，什麼時候長成了大女孩？

往日的時光像老電影般在我的腦海中掠過……

記得當她出生後赤裸裸而又溫暖地貼在我的胸口，我的心頭閃過一絲慌張，當她真切地出現在我面前時，生產前還有條不紊「備戰」的我，突然發現一個嚴肅的問題：孩子不是生下來就沒事了！

有個抗拒生育的朋友曾說：「孩子會將自己的整個人生綑綁住。」一些翻天覆地的變化：體重從過去的四、五十公斤飆升到六、七十公斤；豐富多彩的生活變成了整天與屎、尿、屁混戰卻沒有一絲成就感；睡眠伴隨著孩子的多變作息變得支離破碎，心情煩躁不安；坐著飛機到處跑的工作狀態轉為固定室內模式；曾經那樣嬌羞寶貴的身

序言

體，開始適應沒有恥辱感地敞開胸膛哺乳……一個現代社會繁華都市中的職場女性，因為生產，最終淪為動物一般生存。」

我和有些新手媽媽一樣，出現過產後憂鬱，也曾一個人默默在夜裡哭泣……我非常能理解有些女性對生育的憂慮和對自己未來的擔心，我們大多都出身普通家庭，靠年輕的資本好不容易在職場上打拚到一定的位置，豈能因為孩子就放棄一切？

但是，有了孩子後，遇到的最大的問題還是：我該如何對這個小生命負責呢？這種焦慮，或許只有那些書還沒看就被帶上考場的學生能理解！

既然沒有提前預習，就只能邊實踐邊學習了。趁著帶寶寶的空閒時間，我整日翻看心理學家和新手媽媽們的部落格，花了一年時間考到心理諮商師的證照，去上各種心理學家和教育專家的課程，買了一堆育兒書。

作為一個媽媽，我也在部落格、Facebook、Instagram 上，熱衷記錄孩子成長的點點滴滴，以及在伴隨她成長的過程中，我的困惑和心得。

隨著學習和育兒理論的實踐，我發現：這個理論、那個方法都不重要，這些只是教育的「術」。父母才是孩子的人生起跑點，孩子的成長最根本在於父母自己的成長，這才是教育的「道」。

孩子的人生受父母的影響最深。我們的思考方式，我們的言行舉止，我們的為人處世，我們的婚姻，就是孩子出生後大量且密集吸收到的資訊，這些資訊作為人生早期最重要的背景知識，將種植到孩子的內在世界，影響他一生的思考和行事。

在陪伴孩子的過程中，我自己的情緒和心靈的成熟度，對生命的理解和態度，處理親密關係的能力，被這個小生命映照得一覽無遺，也時常讓我感到慚愧。

於是，純真無邪的孩子成了媽媽最好的心靈導師，孩子像一面鏡子，讓我照見了曾經的自己，孩子提醒了我的殘缺，讓我不得不加快圓滿自我的步伐。

過去以為自己過了二十歲，就是真正意義上的成人了，即便開始

序言

工作，也沒有發現心智成長有多青澀。但在當了媽媽之後，才發現自己只是個大孩子而已。過去成長中累積的暗傷，許多沒有完成的成長任務，在與孩子相處的過程中，這些問題再次浮出水面。

或許，過去也有這些自省浮現到腦中，但是，人都是避苦趨樂的動物，能迴避就迴避了——直到當了媽媽，才讓我充滿動力和勇氣地去面對這些痛苦，因為我知道，如果我不面對，心智就無法成熟，而這樣一個不成熟的媽媽又會帶給孩子新的惡性循環。

孩子像老師一樣，督促我把從前的課程補上，不斷完善自己的人生地圖。為了尋找自己生命的漏洞，我用一個月左右的時間不分白天晝夜地寫回憶錄，重點搜尋記憶中的痛苦，然後面對這些痛苦，整合這些痛苦，超越這些痛苦。這個過程就像刮骨療傷一樣！

我也在一些課程上積極自我治療，同時觀察其他親子關係的療癒過程，一些成年人的自我成長突破……為了更加清晰和系統地了解人的意識世界，在孩子有了基礎的自理能力之後，我又去進修相關領域課程整整一年。

如果不是養育孩子遇到困惑，我就不會去探索，不會深刻反思自己的成長歷程和思考模式帶給自己的局限，更不會進一步自我修復，不斷讓自己的生命解脫。

如果不是養育孩子充滿樂趣，我就不會為此著迷，工作的軌跡也開始轉向心理和教育領域。從一個普通媽媽到育兒專欄的作家，一個四處分享教育思想和理念的傳播者，漸漸也能為其他孩子和媽媽提供諮商服務——我的生命逐漸開闊，這是孩子帶來的改變。

本書整理了孩子出生後到上小學前的育兒生活，重在表達一個媽媽因為孩子開始自我關照和自我成長。這本書也是我送給女兒的一份禮物，感謝她來到我的生命裡，並為我的生命帶來如此精彩的內容！

最後，我還想對那些害怕生育和在陪伴孩子過程中感到痛苦的姐妹說：

如果人的生命的終極目的是為了成長，那不論是職場菁英還是家庭主婦，都可以藉由所經驗到的事物來成長，只不過載體的形式不同而已。一個頂尖經理人也好，一個全職媽媽也罷，都只是一個社會角

序言

色；在職場上日理萬機，在生活中處理孩子的吃喝拉撒，不同的事物同樣能磨練我們的智慧，這在本質上並無分別。

何況一旦當上了「媽媽」，就再也不能任性說不做了。既然都要當個媽媽了，怎麼才能開心地做媽媽呢？唯一的路就是：「去找當媽媽的好處！」當妳用這種正面態度去面對孩子，妳才能從中獲益——沒有益處的事情誰願意做呢，不是嗎？

善用生命。

巧用生命。

妳一定懂的。

作者

第一章　新手媽媽的「成長痛」

鬼門關前走一遭

在電影電視劇裡經常演出女人生產時的恐怖鏡頭，相信你一點都不陌生：那女人的臉色蒼白，頭髮被汗沖刷得一縷一縷的，發出聲嘶力竭的嚎叫，就像在死亡邊緣掙扎……這樣的場景，難免會讓那些沒生過孩子的女人不寒而慄：「嚇死人了！不然等我要生的時候，還是剖腹吧……」

當陣痛一波一波湧來的時候，就像命運在一次次向妳發起衝鋒。

生性膽小的包子同學和我一樣離鄉打拚，生產時，老家親人還在奔來的火車上，還沒結婚的我硬著頭皮陪伴在她身邊，第一次近距離地看到女性的生產過程……令旁觀的我感到寒毛直豎的是陣痛已經開始，但還未送到產房的那段時間——包子同學英勇的姿態令我此生刻骨銘心：手死死握住床頭的鐵護欄，牙關緊咬著，隨著陣痛的衝擊，身體一抖，一抖，一抖……但是她的眼神堅定而明亮。

上學時讀到鄭板橋〈竹石〉「咬定青山不放鬆，立根原在破巖中。千磨萬擊還堅勁，任爾東西南北風」時，自以為懂了，當我看到包子的神情，當這首詩的內涵如此具體形象展現在我面前時，瞬間我就明白過去的自己太膚淺了。

那一刻，我陡然崇拜起了包子，感覺她好像老電影裡面受酷刑卻不屈服的巾幗英雄！隨即我對所有的母親產生了集體崇拜：女性的偉大，在生產時已經表現得淋漓盡致。

雖然當時還沒生過，但是一種自豪感已油然而起，想著自己以後也會是這樣偉大的女性行列裡的一員，不由得躊躇滿志。

生產，那是一個即將成為「母親」的女人接受生命檢驗的生動寫照。是啊！經歷了這場磨難，我們預先獲知了「母親」這個名詞對於女人的意義：勇敢、堅忍，為了孩子可以付出一切。

所以為了成為「母親」這種偉大女性，一個女人要接受一場身心兼具的洗禮，這場洗禮加速女人在人生路上的蛻變，它以痛苦的形式警示女人們：要當母親，首先要接受極限的挑戰。

俗話說得好：「女人生產，相當於到鬼門關走一遭。」所以，這趟經歷對於承受過的人來說，都不可謂印象不深刻。

二〇〇七的那個新年，我們全家人都過得戰戰兢兢，如履薄冰，因為我的預產期就在過年後幾天。

過年前就從老家接來的婆婆首先待不住，年一過，她就像熱鍋上的螞蟻一樣焦灼不安，剛在這個椅子上坐一下，沒過幾分鐘，又把屁股移到另一張椅子上，嘴裡唸叨著：「妳肚子怎麼還沒動靜呀？」一會又問我：「有沒有感覺？」

抱著身體中間這個時而東凸西凹、時而西凸東凹的大球球，第一次要當媽的我也很想早點和他見面啊！

為了和他見面順利，為了在鬼門關走一遭還能輕鬆回來，在戰鼓打響前，我還是做了必要的策略布署。

在懷孕時就開始研究分娩時如何減輕痛苦，在什麼時候該補充熱量，什麼時候該衝刺，又看了幾遍分娩過程的完整錄影，對於生孩子這件事情，終於在心裡有了底。當對未知的東西有了初步了解之後，尤其有了感性的畫面認知，它就顯得不那麼可怕了。

預產期臨近的日子，靜躺在床上的時候，我頭腦裡會像放電影一樣將整個分娩的過程放一遍，包括所有可以預見想像到的細節。

我在參加重要的事情前，都是這樣在床上躺著，心中不斷演練自己到時候的表現。其實，這是一個利用想像代替經驗的過程。這是一個祕密，這種做法伴隨我克服了一個又一個挑戰，比如第一次受邀回母校對全校學生演講時，為了釋放壓力，提前一個月，緊張的我就開始這種想像訓練，我不像有些人會面對假觀眾模擬演講，我就靜靜地躺在床上，想像每一句話、每個詞怎麼說，用什麼語氣……當然，每次都能取得令我欣慰的結果。

說這些，就是想和大家分享備產前的經驗，當然，這種用想像代替現實操練的方法可以應用到所有的領域，就算是額外的小福利，送給各位。

言歸正傳，繼續說生產這件大事。

做好了備戰工作，我在預產期那天住進醫院。但是，肚子裡的小傢伙賴在這個不愁吃喝、擁有無條件的愛的環境中不肯出來，我的身體一直未出現羊水破、見紅以及陣痛的症狀，但是醫生發現羊水的品質已經開始下降了，焦慮的我只好樓上樓下不停地爬樓梯，但是累了半天，汗流了不少，肚子卻始終沒有回饋給大家想要的信號。

最後只好同意醫生的建議：催產。

住院的第二天是我正式開戰的日子了，早上由老金同學——我的丈夫——陪著吃了一頓香噴噴的早餐，盡可能補充熱量，回到醫院後從容地洗了頭髮，因為生產後很長時間不能洗頭（長輩的堅持），在打催產針之前，又順利地解了大便。

這要多感謝我媽媽。

媽媽早就在多年前，就對我講過生產常識的教育：「我們社區那誰誰誰的媽，生孩子前吃太多，結果接生婆一邊幫忙接生，一邊還得幫她擦大便……」

小時候我最討厭這種八卦閒談，覺得低俗，也沒想到這跟自己有什麼關係，事實證明，有的八卦聽一聽對自己還是有一些幫助的，為了避免淪為別人的笑柄，我早上就順利地把「庫存」清乾淨，生的時候就不會太麻煩醫生了吧？

早上九點打催產針，十一點左右陣痛開始厲害了，痛出汗來是難免的，陣痛的間隔也越來越短了，雖然不餓，但我也讓老金同學餵了巧克力補充體能。我弓著身體，蜷縮在床上，陣痛一來趕快吸氣，隨著陣痛的撤退就緩緩呼氣，當陣痛如連發子彈連續向我進攻的時候，即將要窒息的感覺終於來了，一種瀕臨死亡的感覺襲上心頭。

指著頭頂的吸氧器：「我——要——吸氧！」一句話被停頓了幾次，終於說出了口。

那是一種腰部被生生折斷了的痛，雖然老金同學坐在病床上用他能用上的身體所有部位頂著我的腰，但那與生以來未曾體驗過的痛還是席捲了我所有的細胞。

很多女人要求剖腹產，往往都發生在這個時刻。是的，等待子宮口打開，歡迎孩子來到這個世界的時候，正是母親走進煉獄之門、瀕臨死亡之時。

似乎所有的力量都被抽走了，身體快要被巨大的疼痛占滿，反抗的空間已經被壓縮得微乎其微，當妳要向痛苦舉手投降的時候，也到了最緊要的關頭。

為了親自體驗千百年來女人們的悲愴和偉大，我早已下定決心要自然產，因此，是絕對不會提「剖腹產」這個詞的！

咬牙堅持！

但……便意出現了。

怎麼回事？我早上不是排了嗎？又氣又惱中，聽到醫生說「有便意，說明可以去產房待產了」，原來胎兒在下降時，「有便意」是個重要信號，代表此刻是真的要生了。

終於可以進入產房待產了，但是為了促進生產，醫生要求我必須自己走進去。

那時候，我的意識已經模糊了，眼皮沉重極了，身體對痛已經麻木。但是聽到醫生這個要求，我還是在心裡罵了句：「有沒有人性啊？難道就不能把我推進去嗎？」

一邊迷糊蹣跚地走向產床，一邊有水樣的東西順著腿開始向下流淌……產房的門在我前面開著，在我強睜開的眼縫裡只是混沌中一個模糊的輪廓，為什麼那麼遙遠、那麼遙遠……我猜想，這很有可能就是未來當我要走向天堂的感受，生與死，在那瞬間幾乎要重合了。

產房裡，還有幾個產婦正在生產中，我筋疲力盡，終於躺在產床上，卻被醫生們晾在一邊，根本沒有人能抽空看我一眼，一種巨大的委屈感席捲而來：好像我都要死了，卻無人問津啊……

終於，有個護理師過來看了我一下，即刻尖叫道：「胎心八十了！」

醫療術語我聽不懂，但是那護理師緊張的神情嚇壞了我：天啊！我的寶寶有危險了嗎？

我急得都要哭了，意識一下子變得極為清醒。千萬不能讓我的孩子有差錯呀！我、我、我——無數潛伏在身體中的能量一瞬間都被喚醒、聚焦了，我從一個即將要死去的人一下子活了過來！

一聲如母獅一般的吼聲從自己的身體裡發出來，我為自己感到驚詫：看來，人的基因中確實有著野獸的一面，我從來沒有聽過自己如此悲壯的吼叫，從來沒感覺到自己擁有如此巨大的野性，那是從未想像過的潛能，是一種用自己的生命換取另一個生命的殷殷之情。

「需要側切（剪會陰）！要打麻藥嗎？」醫生問我。

忽然想起我老媽說過我小時候打麻藥過敏，這麼多年也沒再遇到什麼事情需要打麻藥，現在這個危急關頭，萬一打麻藥出現什麼差錯……

「不打！」雖然只是游絲般的聲音，但我那時真不知道下一步意味著什麼呀……剪刀剪我的肉了嗎？怎麼什麼感覺都沒有呢？

嘩的一下，我看到肚子像洩氣的皮球一樣縮了下去——二〇〇七年三月一日十七點五十八分，我的孩子誕生了。

這時，我的身體感覺到了醫生手中的線來來回回拉扯我身體的震動，但是我卻沒有感覺到任何痛楚，看來，我的身體對刀剪和針刺都已經失去了感覺。

整個與疼痛對抗的過程中，我除了必要的幾句話外，一直咬緊牙關沉默不語，這種時候，體能和精力是我們一絲一毫都不能浪費的。在待產時，我曾聽到同病房的其他姐妹在陣痛時大聲喊叫，甚至大罵老公，我覺得這是白白浪費力氣。本想勸勸，但早已是自顧不暇了，禍福自招，各自有命吧！

整個過程中，我從來沒有想過要剖腹產，即便在陣痛最強烈的時候，因為千百年來的女人都能過這一坎，為什麼我就不行？

另外，千萬別天真地以為剖腹產是「打一針麻藥，醒來寶寶就在身邊了」那麼簡單，去問問身邊做過剖腹產手術的媽媽，打完麻藥醒過來之後到底是什麼感受吧！

不管歷經怎麼樣的過程，在這場生命史無前例的洗禮後，我們才能冠以「母親」這個殊榮。

孩子剛從我的身體裡剝離出來，乳頭立即湧出了一股清清的淺白色液體……「我們大寶自己帶糧食來了！」婆婆在一邊驚喜地說。

天啊，生命真的好神奇！

但是，這只是序幕剛剛被揭開而已……

貼心小語

凡事豫則立，不豫則廢。生孩子也一樣，在漫長的孕期中，足夠我們做生理和心理的準備。對於生命中的頭等大事，如果我們有足夠的預習和演練，當正式經歷時，我們就會胸有成竹。從更大的視角來說，如果我們對做父母這件事情，在生孩子之前有了充分的預習，了解孩子的成長規律和培育重點，那麼，在培養孩子的過程中也就少了很多的焦慮和煩惱。畢竟，連照顧毛小孩都要按照一定的方式，更何況是養育我們的下一代，這麼重要的事情，我們怎能毫無準備的開始呢？

女人的產後憂鬱真的是「做作」嗎

沒孩子前，小倆口沒有負擔，就是兩個單身貴族湊到一起，還可以當「大孩子」；

可是一旦小生命來臨，在重要時刻，一旦沒有照顧好產婦的想法與心情，就會讓媽媽心靈受創，最終發展成我們常說的「產後憂鬱症」。

男人當然不知道生孩子是多麼痛苦，也很難感同身受。有些男性朋友對我說：「過去也沒聽說過什麼產後憂鬱，都是因為現代女人被寵壞了！」還有人說：「古代女人生完就下田務農，歐美女人從來不坐月子」之類的話。建議男性朋友們先去體驗一下電擊模擬分娩陣痛，再來談論這樣的話題。

記得上心理諮商師課程的時候，一個男老師不知道是不是因為看臺下的女學生比較多還是什麼別的原因，義憤填膺地講起他曾看過國外某個部落的幾個男人，都因為目睹妻子生產時的痛苦而產生負罪感，最後竟然自殺了。

我們身邊，尤其是在這個時代還執著「兒子」的那些男性，讓妻子一個接一個地生，不生出兒子不善罷甘休……視女人生孩子如家常便飯的男人卻不少見。

你是否聽過有些男人對女人說：「有什麼好怕的啊？妳沒看千百年來人類不都是這樣過來的嗎？」

「是女人不都要經歷一次嗎？沒什麼大不了的！」這種置身事外、事不關己的感覺該讓那些即將在鬼門關走上一遭的女人作何感想？

‧重要時刻之一：女人生產時

在產房裡，有多少女人在喊著：「痛死我了！」、「我要死了！」、「受不了了，幫我剖腹了吧！我要麻藥！」那種接近死亡的疼痛，那種痛得撕心裂肺的感覺，那種呼吸不上來隨時要窒息的感覺，男人能體會到多少呢？

因此，妻子進產房時，一定要和她一起經歷生死之間，在她最無力的時候緊緊握著她的手，讓她感受到生命最危急的關頭還有你陪伴著她，她並不是孤單一個人。

在朋友包子陣痛時，我看到包子的丈夫著急得不知道怎麼辦的樣子，最後他把包子的手抓過來放在自己的臉上說：「要是痛就捏我的臉！」我知道那一刻，他有多麼想分擔包子的痛苦，但是他不能真正去分擔，這種心裡的痛還不如身體上的痛，因此，他在尋求她的發洩，達到和她一起分享痛苦的目的。

另外，他也有自責和內疚的意味在裡面，畢竟，妻子的痛苦是和他有關的，他也希望藉由她製造痛苦給自己，來使她平衡一點吧！

這至少展現了一個男人的擔當和一種願與妳「共苦」的態度。

曾看過一個影劇畫面：外面火光衝天交戰，首領愛的人在屋裡生孩子。首領放心不下，在女人生產時闖了進來，將她緊緊摟在懷裡，並且讓她咬著自己的手臂——這時候男人的心理是：妳在受苦，我願意和妳一起痛！即便情形是如此危急，但是在妳最需要我的時候，我都陪在妳身邊——即便知道她肚子裡的孩子是別人的，而且她永遠也不可能真正成為自己的女人——真愛，在這一刻表現得淋漓盡致。

是的，這個男人是否真的愛妳，是否有足夠的承擔責任能力，是女人生產前後最容易考量。

有的男人根本不敢陪妻子進產房，理由是「聽說看到那場景可能會影響自己的性功能」，也聽說過有些陪妻子進產房的，但一見到血淋淋的場景，自己嚇得爬到旁邊的產床上，妻子都生完了，自己還虛弱得下不了床。

還聽說有些男人在產房外嫌妻子生得太久，感覺無聊，又嫌醫院沒有 Wi-Fi，竟跑回家打遊戲去了。

試想，當女人剛剛和死神打了照面，氣若游絲地重返人間，看到或者聽到這樣的煩心事，氣不打一處來，但連流淚的力氣都沒有了，能不憂鬱嗎？

• 重要時刻之二：新手媽媽從產房出來時

曾經那麼神祕和珍愛的身體，飽含了一個美麗女子對自己的自信，在產房掙扎的一寸寸時光裡，身體已不再嬌嫩。無論怎麼讚揚母親生產的偉大，那時候的女人，狼狽得不成人形，還有什麼潔淨的尊嚴！

男人和女人相隔兩個空間，產房外的男人卻不知道女人遭遇的一切對於女人的意義：少女夢被徹底打破揉碎，在生與死的痛苦掙扎中，在恐懼、頑強、無助、堅忍等多種強烈的情緒淬鍊中，完成了心理的重塑。

如今，她終於凱旋歸來。

雖然她已經如植物人一般無力、動彈不得，但是內心是驕傲的。

看到產婦和孩子出來了，一大波親人立刻湧上去，圍在孩子身邊喋喋不休，把精疲力盡的產婦晾在一旁……這種情況，有時候會出現在婆家親戚猖獗的產房外。

看到一個新手媽媽抱怨說，自己生完孩子後，因為孩子需要照顧，所有的親屬都跑去照顧孩子，把自己一個人晾在產房長達五個小時，本來產婦生完需要在產房觀察兩個小時的，可是卻一直沒有人來接她。

當一個女人剛從生死邊緣走過，遭遇的卻是如此冰冷的現實，新手爸爸，如果是你，你內心會作何感想？

她現在沒精力計較，但是悲涼和憤怒已經充斥在心中，產後憂鬱的能量，早已醞釀十足，蓄勢待發。

新手爸爸，因為剛上手，你可以不知道怎麼抱孩子，怎麼當好一個爸爸，但是，你若在新手媽媽從生死線凱旋歸來時不懂得疼惜她、讚美她和呵護她，若疏忽大意，情感的裂痕將一世難補，因為這是女人一生中最脆弱的時刻。

不夠成熟的男人這時候就手忙腳亂，不知道重點該做些什麼，其實很多東西此時可以交給親朋好友去處理，例如確定病床或者幫孩子買紙尿褲之類的瑣事，這時候，你的工作就是陪伴在妻子的身邊，這就是給她最好的愛。

- 重要時刻之三：產婦住院那幾天

生完孩子，不論順產還是剖腹產，產婦都需要在醫院住幾天院，這幾天，新手爸爸的表現非常重要。妻子生孩子你幫不上什麼忙，但是生完之後這幾天，是爸爸貢獻力量的關鍵時期。

為妻子做飯送湯，這些並不是最重要的，最重要的是你要陪在妻子和孩子身邊。因為在住院這幾天，妻子的傷口需要人清洗，有些很隱私的問題需要至親的人幫忙。

這個時候可能有婆婆來照顧，但即便你們是生活在一起的，有一定的感情基礎，婆婆畢竟不同於自己的媽媽，當著一個缺少極度親密關係的人的面，暴露自己的私處，並且無力地接受他人的幫助——可以想像那是多麼令人尷尬。如果是平時就缺少來往，一年只見一兩次面的婆媳關係，就更令妻子感到難堪了。如果你無法理解，就換位思考一下，你現在不能動，大小便無法自理，你是希望讓妻子照顧呢？還是由沒見過幾次面的岳父照顧呢？

到了晚上，即便你白天已經很累了，也要堅持陪在她身邊，而不應該讓別人留在這裡，自己回家睡大頭覺——除非妻子堅持要你回去休息，一切應以妻子的想法為重。道理很簡單，因為晚上大人和孩子都需要照顧，也會發生如妻子要大小便等很隱私的問題。妻子當然希望是你而不是婆婆去幫助處理的。

也有那些極度心疼兒子的婆婆，捨不得讓兒子受一點苦，不等媳婦說話她那裡就發話了：「你回家去吧！媽媽在這裡照顧。」或者：「你一個男人有什麼經驗啊？趕快回去吧！」這時候你要看妻子是什麼態度，看看妻子希望誰陪她更合適。妻子看到你疲憊不堪的樣子，也會心疼丈夫，但是如果你不考慮妻子的感受，在妻子希望你留下時一副「反正有我媽呢！」的樣子就離開了，你給妻子的感覺只能是無法自己承擔責任的媽寶，而不是一個成熟有擔當的男人，伴隨而來的是妻子對你的極度失望。

- **重要時刻之四：孩子兩個月期間**

妻子回家做月子，同樣馬虎不得。月子做不好，會落下一輩子難以治癒的病痛。這時候你的任務同樣繁重，一邊要照顧大人，一邊還要照顧孩子。孩子的大小便如生產流水線一樣讓人應接不暇，晚上一小時左右就醒來，把大家的睡眠都破壞得支離破碎。月子裡的妻子，因為激素上升、傷口隱痛、乳頭破皮、睡眠不足、孩子不時半夜啼哭，還有難言的便祕等，容易情緒激動，可能會看似無緣無故地發火，請記住，這只是暫時的，過了這段時間，妻子就會好了。

月子裡，妻子最需要的就是安靜地休息和你的陪伴，畢竟，她還是一個病人。這時候，不要呼朋喚友地來看孩子，因為孩子需要安全感的氛圍，過多的陌生氣味和聲響會讓孩子感到不安；產婦也需要高品質的休息，晚上一小時一醒的睡眠幾乎快讓她崩潰，並沒有太多的精力去招呼朋友。而且孩子需要經常餵奶，訪客太多會有諸多不便。

哺乳期的妻子，奶水和情緒直接相關，如果心情不好，奶水就會變得很少。所以，如果妻子的奶水突然變少了，你要注意是不是妻子的情緒造成的。

孩子通常第三個月就能在晚上睡得久一點，基本能睡一整夜了。因此，前兩個月是非常折磨人的，我想心疼妻子的男人是能夠和妻子一起度過這個時期的。這時候最忌諱的就是你獨自跑到另一個房間去求清靜，也有的男人以加班為藉口逃離這些可怕的夜晚，但你要知道，什麼樣的工作都沒有比照顧嬰孩更加勞累和辛苦。

人生關鍵的時期能有幾天呢？如果這時候退縮了，無法像個真正的男人一樣和妻子並肩作戰，你要她怎麼相信你在往後面對艱難的困境時不會退縮？

所以說，這兩個月，請男人不要將這些繁重的工作都推給身體尚未完全恢復的妻子！

聽到這些，可能有些準爸爸、新手爸爸會感到害怕，但是這些卻是為人父母必經的道路。

在這關鍵時刻，你的表現直接影響了妻子對你的信任程度以及你們的婚姻品質。我看過一些資料，說女人生產後到孩子上學前，婚姻的品質普遍偏低，我想除了孩子出生後，夫妻倆缺少私人空間，影響了溝通品質而造成這種情況之外，上面所說的，關鍵時期男人的表現，也是對婚姻品質產生正面或負面影響的重點。

當然了，也有的男人因為心理不夠成熟，做爸爸的時候手足無措，根本不知道該怎麼辦，或者根本不懂產婦的心理，這些都是情有可原的。但是，如果你無法勇敢地承擔屬於你自己的責任，那麼，你等於放棄了一個人生中蛻變成熟的機會。

只要是成長，都會伴隨著各式各樣的痛苦，這也是成為一個成熟男人的必經之路。希望你在將來能驕傲地說：「我懂得當父親的滋味！那些日日夜夜我都經歷過！」而不是當別人提起當父親的感受時，因為沒有任何照顧孩子的經驗，你的大腦一片空白。確實，你躲過了那些折磨人的時間，但是你失去的恐怕更多。

貼心小語

那些因為另一半不夠成熟，或者承擔能力不足而感到委屈的女人們，我深深理解妳們在這個經歷中產生的無助和悲傷。但是，對於男人來說，他們也沒有足夠的人生經驗和做爸爸的良好準備，出現一些令人失望的情況也是在所難免。在極度艱難的情況下，我們也容易將很多希望寄託於對方，渴望對方能幫助我們，或者安慰我們。但如果我們缺乏必要的溝通，對方有時也無法體會到我們的內在需求。因此，多多體諒，換位思考，能減少我們自己的委屈感。

產後依然有劫難

如果妳還沒生孩子，妳非常需要了解產後很長一段時間要面臨的生活狀態是什麼，這是完全不同於過去生活的狀態。如果不提前做好心理準備，到時候臨時抱佛腳，恐怕會產生心理不適的狀況。

因此，提前預習很重要。心裡有數，至少會杜絕或者減少產後憂鬱的發生。

如果已經生了寶寶，看看下面作為過來人對產後生活的描述，妳是否有同感：

1　身體的痛

原本只知道生孩子會很痛，終於熬過去了，卻發現之前沒有調查足夠……從產床爬上病床，剛看著身邊的孩子想喘口勝利的長氣，但隨之一陣強烈的刺痛從腹部襲來，這是「產後宮縮」——被孩子撐大的子宮還要自己一點點縮回去！可是這宮縮不是一次兩次就縮完的，一陣一陣刺痛，雖然疼痛級別比開宮口時小了點，但是，那只是「小了一點」，這種疼痛程度只有產婦本身才能體會。

剛生完孩子，奶水不是立刻就能供應的，在提供食物給孩子前，媽媽們還要經歷一種痛，就是乳頭被吸破直至出血——這樣，妳的奶水才能順暢流淌到嗷嗷待哺的嬰兒口中……而因為乳腺管不夠暢通產生「塞奶」的腫脹和疼痛，也是非常煎熬……

別怕，為了養育孩子，媽媽們一定都可以堅強度過！

2　超級累

有個在醫院工作的朋友這樣回顧自己的產假：「這是一個非常累人的假期。這期間我沒有完整睡超過五個小時過。有時凌晨兩點左右就會被寶寶叫醒，餵過奶，他睡了，我卻睡不著了。那時的我，想自殺的心都有了。」

「晚上的睡眠就這樣變得支離破碎，往往忙了一天才發現自己牙還沒刷臉還沒洗。產假結束我回醫院值夜班，因為是第一個離開寶寶獨自睡覺的夜晚，我整個睡死過去。患者進來時，其他護理師砸門都沒把我叫醒，只好爬梯子從窗戶爬進去弄醒我。這說明什麼？比起產假裡帶寶寶，在醫院值夜班還算輕鬆的！」

對此，我深有同感。

3 太單調

孩子大一點還能互動，但是孩子剛出生，不會笑，沒交流，就是吃、拉、睡，媽媽每小時就是做拍拍抱抱這樣的事情。從月子起的幾個月，恐怕新手媽媽們整天腦子裡就只想著：寶寶多長時間餵一次，一天換幾片尿布，一天大便幾次？小便幾次？正常不正常？有的細心的媽媽還要拿紙筆做紀錄。白天頻繁處理這些事物還不夠，晚上即便累到不行，只要孩子一哭，妳也不得不起來重複做這些工作。

有的新手媽媽說：即使去洗澡，自己的心情都很矛盾，一邊擔心別人帶不好寶寶，想趕快洗完了自己照顧，一邊又覺得寶寶不在身邊真是輕鬆自在，想多拖延一會兒，然後又為自己這種想法感到內疚。

4　很孤獨

產後的生活重心全都在寶寶的吃喝拉撒上，沒有同事，沒有朋友，更不能隨意出門，因為要定時餵奶，大部分時間都是一整天待在家裡，感覺與世界斷絕了聯繫。白天也常有一種「被困住了」的感覺。去超市購物算是奢侈的出行，但是腦海裡總是浮現寶寶的哭聲，還得趕快回家。

5　成功感缺失

現在的媽媽很多都是家裡的掌上明珠，讀書、打拚，擁有一份不錯的工作，也能夠自己養活自己，受人尊重。

有個媽媽說：上班的話，薪水多少是看得見的，升遷與加薪更能證明自己的能力與成績。在家帶小孩，意味著工作停滯，而且現在三十歲左右，正是職涯發展最關鍵的年齡，想到這點就覺得很焦慮。

這是很多新手媽媽遇到的共同問題，據統計，五到七成的產婦產後都會經歷一段「藍色」憂鬱期，其中憂鬱程度較重，對正常生活影響較大的稱為「產後憂鬱」。按照國際精神類疾病診斷標準，產後六週之內出現的憂鬱就可以診斷為產後憂鬱，因為其發病機制可能與體內激素含量變化有關。而六週之後出現的憂鬱應該就屬於憂鬱症的範疇。

從這個媽媽所描述的情況，也便於我們理解憂鬱的原因，即產後離職在家照料小孩這種生活方式的巨大改變——心理學上稱為「緊迫事件」——對母親心理造成衝擊，導致情緒失調。產後生活單調、過度勞累、自我價值得不到肯定是造成產後憂鬱症的外在原因，內在原因則是新上任的母親還未適應自己「母親」的角色。

這樣的生活變化對於習慣獨立的女性們，意味著自我世界被「侵犯」，這讓她們很不適應。

做母親是世界上最偉大、最重要的職業，需要最高深的學問、最堅韌的耐心、最深沉的真愛。由於目前人們對這份職業缺乏應有的尊重和理解，導致很多媽媽自己也看不起自己，覺得僅僅用母親來定位自己，是一種貶低。

除了某些觀念要改變之外，更重要的是好好面對做母親的挑戰，準媽媽或者新手媽媽們可以從以下方面做好準備：

1、重新自我規劃，包括人生目標、職業情況、生活方式等，進行適當的調整。

如我本人過去做網站管理工作，工作節奏快，壓力很大，經常加班。生了寶寶後就不可能再去從事類似的工作了。於是我重新進行職業規劃，邊帶寶寶邊考到了心理諮商師的證照，之後結合自己的媒體專業知識，開始從事諮商和寫作工作。也有很多媽媽開網路商店或者重新學習新的技能，既能開始新的職業、實現自己的價值，又能兼顧家庭和孩子。

2、做好可以接受為了孩子在某種程度上放棄自我的準備，但注意這絕不是完全放棄。

孩子出生的前三年會占據媽媽大部分的時間，這個時候，妳的主要社會角色是母親，妳可能為了孩子沒時間逛街，也不能會友，更談不上遠行旅遊，但妳仍然可以利用這段時間學習到新的東西來滋養自己的成長，如：營養學、兒童心理學、醫療護理甚至是烹飪，妳是否擁有了新的知識或技能？永遠不要只將自己定位在「母親」這一個角色，這樣就不會失去自我。

不要指望孩子生下來妳就會愛他。慢慢培養對孩子的愛，並從中獲得樂趣。我的一個朋友曾回憶當初她剛看到新生兒的情形：「啊！他怎麼這麼醜啊？快抱走！」她說她當初對這個醜傢伙一點愛意也沒有，但是隨著與孩子慢慢有了互動，她才越萌生出母愛的情懷。

3、找到其他方法應對照料孩子的壓力。

關鍵是要尋求幫助，例如：可以請自己的媽媽或者婆婆幫忙照顧一段時間，留一點時間給自己。哪怕是躲在咖啡館裡喝喝咖啡，看一本小說，或者只是呆呆看著路邊的人流，就可以助長很多心靈的力量。不要為自己短時間不在寶寶身邊而對寶寶產生內疚，妳的好心情對寶寶更重要。

4、和其他媽媽交流

和別的媽媽談寶寶是世界上最有趣的事。如果身邊沒有這樣的朋友，在育兒網站裡逛逛或者發文也很開心。妳會驚喜地發現，居然有人和妳一樣，一邊吃著飯一邊津津有味地談寶寶大便的問題。

5、讓新手爸爸加入進來

很多新手媽媽覺得育兒困頓勞累，並且埋怨當爸爸的一點都不幫助自己照顧寶寶。實際上，當爸爸想抱抱寶寶的時候，許多媽媽往往會阻攔：「你笨手笨腳的，還是給我吧！」當孩子和爸爸在家的時候，媽媽又總是不放心：「你是照顧不好寶寶的！」在這樣的想法強化下，爸爸更覺得自己在照顧寶寶方面很無能，因此，離育兒的工作也就越來越遠了。其實，大多數爸爸還是愛媽媽和寶寶的，主要是媽媽沒有給爸爸機會參與，爸爸不理解帶小孩的辛苦。這不但加重媽媽的負擔，對爸爸也不公平，錯過了許多親眼看見孩子成長的美好時刻。

貼心小語

聰明的媽媽要多讚美爸爸對寶寶的付出，強化他對寶寶的愛，同時，也要及時把寶寶對爸爸的依戀告訴他，強化他做父親的責任，這樣不僅能減輕媽媽育兒的勞累，也讓爸爸能共同感受育兒的幸福。

兩難選擇：要工作還是要寶寶

大家都知道，孩子出生後的三年非常重要，因為前三年是幼兒大腦發育最快的時期，是一個人建構人、事、物、世界等認知高度發展的時期。但是只有在建立安全感的情況下，孩子的生理發育、智力發育、情感情緒、社會性等才能健康發展。因此很多媽媽都想一直陪伴在孩子身邊，但是又因為各式各樣的原因，有時候不得不出去工作。

育兒網站上，包括身邊的很多新手媽媽們，都在為「該上班還是該在家帶孩子」而痛苦掙扎。一方面，如果媽媽上班，把孩子交給別人來照顧，十分不捨；另一方面，如果在家帶孩子，又擔心自己的事業就此擱置，將來恐怕和社會脫節，很難再有合適的工作了。還有的人是因為經濟問題，老公一個人無法支撐家中的開銷，因此，媽媽們不得不出去工作來一起養家，這樣的媽媽是最無奈的。

網路上看到一個媽媽心酸的自述：

「寶寶生下來後，一直是我和我媽帶，寶寶六個月的時候，我的產假休完就去上班了，於是，請了個保姆幫我媽做做家事，但是寶寶七個月的時候，保姆說她家裡有急事要走，我一時手忙腳亂，不得已，只好將寶寶送回老家，讓我爸媽一起帶。

就這樣，現在我和寶寶分開一個多月了，一閒下來，思念就像一個利刃刺在我的心上。很想寶寶，可是我的工作又太忙，寶寶在的時候，每天寶寶沒醒，我就去上班了，晚上九點、十點才回到家裡，這時，寶寶早就已經睡著了，週一到週五，基本上是沒時間和寶寶交流的，只剩下週休二日的時間。所以，即使把寶寶接回來，又有什麼用呢？我還是沒有時間照顧他。看著寶寶一天天長大，我一天天錯過他成長的歲月，心裡真的好難過。可是，如果不上班，在家當全職媽媽的話，我又捨不得每月五萬多的收入，也不想讓孩子他爸獨自承擔經濟壓力，畢竟，我的收入也不算少。

我該怎麼辦呢？真的好想寶寶，每每看見社區的孩子，我就想起自己的寶寶，聽見別人家的寶寶哭，就像自己的孩子在哭一樣難受。」

看了這位媽媽的文章，我腦袋裡忽然想起一本書裡面再三提到的相似案例，一些孩子從小被寄養在爺爺奶奶或者外公外婆家，沒有與父母建立充分的依附關係，結果再次返回家庭之後，由於感情基礎不好，磨合不當，再加上父母對孩子過分要求成績而忽略情感上的溝通，導致親子關係終身不良，孩子始終無法和親生父母親近。

嬰幼兒時期孩子對自我的認知，是經由外界對他的回饋而形成，尤其是監護人。嬰幼兒時期缺乏足夠關心的孩子，內心缺乏自信心和安全感，他們很難感受到自己的價值（媽媽選擇了其他事而沒選擇我，說明自己不重要）。一個內心缺乏愛和正確引導的孩子將來也很難向別人付出愛，不容易與他人建立健康的關係，無論是友情、愛情和親情。

健康的依附關係是親子關係的基礎。心理學大師約翰．鮑比（John Bowlby）透過對母、嬰的觀察和研究，有突破性的發現。他認為，人類嬰兒的依附敏感期在零至五歲期間。後有英國學者透過觀察大批嬰兒，將這個敏感期的具體開始時間鎖定在七個月。孩子通常是依附母親，一旦依附關係形成，終生不變。

鮑比一再強調，沒有經歷溫暖和恆久的依附關係的幼兒，長大後難於跟其他人形成健康的關係。「嬰兒期的母愛對心理健康來說，就像維他命和蛋白質對身體健康一樣重要。」

開創了精神分析學說的佛洛伊德（Sigmund Freud）早就指出：母親盡心照料孩子，孩子就能獲取一種信任和樂觀的態度，這種態度將會伴隨他一生；反之，如果孩子的需求得不到滿足或者這種滿足經常被拖延，他會由於自身的無能為力而哭泣並發怒，長大後變成一個悲觀而缺乏信任的成人。佛洛伊德說：「精神官能症都是在幼兒期（零至六歲）患上的，儘管其症狀可能很久以後才顯現出來。一歲之內的經歷對兒童往後的生活來說至關重要。」

既然孩子早期的依附關係如此重要，那麼媽媽們如何做才能建立好這種安全型的依附模式呢？

嬰兒依附的性質最根本的還是取決於與嬰兒有關的媽媽的行為，依附是在嬰兒與媽媽的相互交往和情感交流中逐漸形成的，在這一社交過程中，媽媽對嬰兒發出的信號的敏感性和對嬰兒做充滿愛的回應是最重要的，如果媽媽能非常關心嬰兒所處的狀態，注意聽取和解讀嬰兒的信號，做出及時、恰當、充滿愛的回應，嬰兒就能發展對媽媽的信任和親近，形成安全型依附。

安全依附型嬰兒長至三歲時，一般都會變得非常有自信，在嬰兒期建立了安全依附關係的孩子在三歲時表現得堅強、自制力強、具領導力和同理心；相反，沒有建立安全型依附關係的孩子會表現出行為的不確定性，表現得逃避、退縮、缺乏好奇心。而安全依附關係的嬰兒之所以有自信去探索世界，是因為他們把父母作為安全穩定的後盾，隨著年齡的增長，自信更能使他們變得獨立。愛通常是在自信和獨立滋長的土壤中培育起來的，如果我們知道有人愛自己，會更容易去獨自面對世界。

倘若孩子在嬰兒期時的看護人頻繁變動，今天奶奶看，明天外公看，後天保姆看的話，孩子就很難對其他人產生信任感，因此這個時期最好能有固定看護人。當然，如果孩子從小就一直寄養在阿公阿嬤那裡，那麼這孩子就會對老人家建立依附關係，長大後無法與爸爸媽媽最親，也是很自然的結果。

從孩子的培養來說，孩子智慧的發展，也必須自嬰兒時期得到入微的觀察和注意。因為嬰兒最早的智慧活動往往倏忽即逝，要靠撫育人捕捉、發現並演化它。

這些就是我們在孩子嬰幼兒時期選擇離開時所要考慮的。

孩子本應是誰生誰養，既能給予孩子最好的照顧和最需要、貼切、高品質的溫暖，同時也是身為父母不可被替代的、珍貴的人生體驗。

一生能有幾次？

作為一個窮人家去外地打拚的孩子，同時作為一個邊學習邊育兒的媽媽，很慶幸的是在孩子最需要我的時候，我停下了工作，陪伴了她生命最初的幾年，遺憾的是在房子裝修和報考心理諮商師期間，為了空出精力，還是把半歲的孩子送回老家待了幾個月，但是我回家探望時發現，孩子目光有些呆滯，眼神也畏畏縮縮。幾年後婆婆才和我說，我每每探望孩子走後，她都在夢中叫著「媽媽」；當她傷心時，她會躲到牆角邊偷偷哭泣……這真是讓當媽的我心如刀絞，如果時光能重來，如果我早早就了解這些心理學的知識，我絕對不會再讓她從我的身邊離開。

有一位著名的兒童教育專家選擇在孩子三歲前在家陪孩子，她這樣說：「在孩子生命的前幾年，與他朝夕相處，一方面熟知他的成長過程，充分了解他的想法與感情，掌握他的脾氣秉性，這樣可以為今後成功教養培育他打下基礎。另一方面，培養與父母之間的感情依附，培養他對父母的信任，給予他完完全全的家庭安全感，讓他知道，不管發生了什麼事情，媽媽永遠在他身邊，第一個給他鼓勵、安慰和支持，是他最知心的朋友。安全感使他獲得自信心，由此自信心，他最終可獲得獨立。」

不是要每位媽媽都成為兒童教育專家，也不是每個人都有經濟實力去當全職媽媽，但要盡量多陪陪孩子，實在需要上班的話，記得在工作之餘高品質地陪伴孩子。

不論怎樣的選擇，都是有失有得，就看我們自己如何權衡。

貼心小語

很多媽媽在面臨家庭和事業的選擇時感到左右為難，很大原因是內心有恐懼，害怕被別人看不起，害怕被社會遺忘，害怕被丈夫拋棄。這與社會對全職媽媽這個工作缺少必要的尊重和認同是密不可分的。但是，一旦了解媽媽在孩子成長初期的重要性之後，首先要和丈夫達成一致性的意見，要讓丈夫明白全職媽媽的價值，他的支持很重要。

另外，也不要有自己是為了孩子而「犧牲」的想法，如果有這樣的心態，整日怨天尤人，甚至期待孩子對我們感恩戴德、順從並且報答，那也不是真正的愛。

當「婆媳問題」終於無法迴避

寶寶出生後，如果妳選擇不放棄工作和事業，孩子的爸爸也無法抽出時間來幫忙，而雙方父母又到了需要照顧的年齡，一場新的家庭重組勢在必行。

而習慣了二人生活的妳，是否做好了應對新家庭結構的準備？

小蓓因為這個正打算離婚：

單身的婆婆在孫子一歲時，說要來看孫子。小蓓以為婆婆至多來住個十天半個月就走，但是沒想到，婆婆來了之後就沒有離開的意思了。婆婆的到來，打亂了一家三口的生活規律。小蓓是獨生女，以前隔兩天小蓓一家人就抱著孩子回她娘家。現在婆婆來了，不叫上丈夫，小蓓不想要獨自回娘家；叫上丈夫，小蓓又覺得把婆婆一人丟在家裡不好。時間長了，小蓓的忍受變成了冷漠，她不吃婆婆做的桂圓湯，也不喜歡婆婆為她織的毛衣，只希望婆婆快點回老家。

婆婆本人也感覺到小蓓對她的排斥，一天，婆婆拿著火車票對著兒子和媳婦哭了，她說她很失望，多了一個孫子，卻失去了最心愛的兒子。她責怪媳婦對她的冷漠，責怪兒子不為她說句話……婆媳越吵越凶，男人站在中間，越阻止她們火越大。最後，母親指著小蓓對自己的兒子喊道：「你給我聽好了，這個家要是有這個女人，我就從此不進你的門檻！」

面對婚姻中的家庭關係，怎麼樣做才能盡可能達到和諧呢？妻子當然能發揮一定的作用，但是夾在中間的丈夫的「仲介」作用更重要。

這種仲介作用如果發揮得好，可以加強婆媳之間的情感聯繫；反之，則容易成為矛盾的焦點，出現「腹背受敵」的困境。

因此，如果決定和公婆長期生活，重點要看丈夫的協調能力如何。如果丈夫能智慧地「做人」，就能有效避免婆媳之間的不愉快發生。

例如有的婆婆認為家事應該媳婦做，兒子應該閒著休息。如果婆婆讓媳婦做家事，媳婦讓丈夫來幫忙，婆婆肯定搶過來做，說：「我來我來！」但幾次下來，婆婆心中就會對媳婦不滿；但是如果婆婆讓媳婦做家事，丈夫在一旁看電視、上網，久而久之，媳婦心中也會不滿。如果這時候兒子表明立場：「妻子和我一樣要上班，下班她也很累的，我做這點事情沒什麼。」婆婆看見兒子如此疼妻子，漸漸習以為常，也就不再嘀咕了。

婆婆那一代節儉習慣了，看到年輕人花錢大手大腳的非常生氣。在買菜、買衣服、洗澡水、夏天開冷氣等多個方面都可能發生摩擦。如果婆婆說：「這衣服怎麼這麼貴！」用言語限制媳婦的花費，媳婦就會認為婆婆干涉個人生活，自己賺的薪水自己不能做主。也有的媳婦買了衣服後，告訴婆婆這是半價或者七折買來的，老人對價錢也就不好說什麼了。最好是讓兒子出面講話：「現在的人都打扮得漂漂亮亮，多買幾件衣服也沒什麼，何況我們家裡買幾件衣服還是綽綽有餘的。」

以上的例子還可以舉出很多，如果妳打算和公婆一起生活，要避免兩個女人短兵相接，一定要先讓丈夫做好事前訓練。

對於媳婦來說，不要期望沒有血緣關係的婆婆會像對待女兒一樣對待自己（不是不可能，但不能強求），對於來自婆婆的關心和愛不要抱持太高期望，這樣生活才容易滿足。

年邁的雙方父母有一天可能會和我們一起生活，經營一個大家庭需要更多的包容和智慧，這時候，我們需要對年邁的父母付出更多關愛。像案例中的小蓓，對於新組建的家庭還處於過去的「我行我素」行為模式階段，並未以更高的格局來看待整體家庭成員的情況，照顧到更多人的心理需求。

因此，有了寶寶後，還需要繼續進修的是「媳婦」的角色，「媽媽」應該怎麼當？「媳婦」應該怎麼當？未來自己當「婆婆」時應該怎麼當？這些是學校教育缺乏的內容，卻是我們生活中實實在在實踐著的，影響我們婚姻幸福的重要事務。

丈夫要成長，我們也需要成長，使我們有能力承擔更多，掌握更大的家庭格局。我們更需要養成照顧別人需求的思考方式，如果一味從自己角度出發去要求其他人都符合自己的想法，那只能說明心理上還處於「巨嬰」狀態。

貼心小語

原生家庭和新家庭最好有時間和空間上的間隔，能不住在一起就不住在一起，如果有一定的經濟條件，最好替父母在同社區置辦另一幢房子，大家彼此能相互照應、又互不影響各自的生活是最好的。兩代人有生活方式和生活觀念上的差異，而伴侶間也需要親密的空間，需要在沒有批判責罵的目光下，享受自在、舒適的婚姻生活。

當媽就強大了？未必！

有一次，丈夫和我分享一個雜誌上看到的話題「你是何時感覺到自己是個爸爸的？」他不太好意思地說直到女兒坐著學步車在客廳裡仰頭向他「哎哎」叫時，正在忙工作的他才忽然意識到自己當爸爸了。

已經經歷十月懷胎並品嘗了豪華生命經驗——自然生產的我，那時候還鄙視他，按理說，我至少比他要提前一年半就有了當媽的心靈體會了，那貪吃嗜睡、腹內的胎動、順產的備戰狀態、紊亂的睡眠、胎兒一點一滴的成長，哪個不是當媽媽的感覺？這豈是男人能體會到的？

直到發生了一件事，我才意識到：其實我還只是在由女孩向母親蛻變的路上……。

• 角色頓悟：我已經是媽媽了

那時候女兒金芒剛學會站，大概八、九個月大時，我們三個人一起去小叔家做客。晚上，我、婆婆、弟妹以及金芒同在一個房間睡覺。剛關上燈不久，我就感到一個沉重的東西砸向我的嘴巴——大腦還沒反應過來到底發生什麼事，嘴巴已經嘗到了鹹鹹的滋味——啊？媽呀，流血了！

伴著金芒咿呀的聲音，我知道怎麼回事了：我親愛的女兒在黑暗中舉起奶瓶亂砸，結果我就成了犧牲品。

上嘴唇火辣辣地痛著，滿口的血，一股強烈的憤怒和委屈感充斥在我的胸口，我招誰惹誰了？白白挨了打，可是我能說什麼？不能還手，什麼都不能做！真的是「打落牙齒和血吞」呀……

壓抑著強烈情緒的我一聲不吭地迅速起身，摸黑拉開門跑向洗手間，躲在裡面一邊哽咽地哭，一邊擦拭滿嘴的血，憤怒的火山在心頭熊熊燃燒，一個聲音咬牙切齒在說：氣死我了！可是，一個聲音又馬上委屈地說：妳是媽媽了，要堅強，要忍耐呀……

婆婆和弟妹都起來詢問怎麼回事，我不想把事情鬧大，讓其他房間的人知道，只好憋著怒火回到臥室。一坐到床上，眼淚卻忍不住流下來。

那時候，我退化到一個小女孩的角色，我受到了無辜的傷害，卻不能向傷害我的傢伙討回公道，只能忍氣吞聲。我多麼想鑽到某個人的懷裡，指著傷害我的傢伙說：「她欺負我！」之後得到安慰和平撫。或者自己上去罵她一頓打她一頓也好，可是這顯然行不通。

金芒好奇地從被窩裡爬過來，扶著我的後背站起，翹著小屁股，眨巴著天真無知的好奇眼睛，把腦袋湊到我的臉旁邊，對媽媽的情緒非常不解，完全不知道自己是罪魁禍首。

小傢伙不碰我還好，這一臉的好奇點燃了我內心憤怒的導火線：還敢來看我熱鬧！我一甩肩膀，她一屁股坐到床上，哇哇大哭起來。

聽她這麼一哭，內疚馬上襲擊了我……是啊！孩子畢竟無知啊！自己已經是「媽媽」了……是啊！我不再是那個處處受寵的公主了。那一刻，我似乎才真正完成了一個由「女孩」向「媽媽」角色轉換的交接儀式，「媽媽」這個角色才在我的靈魂裡甦醒。

寶寶誕生的時刻，未必有多少父母能清楚感覺到自己的生活將發生怎樣天翻地覆的變化，如果爸爸媽媽們無法及時調整自己的人生態度和生活方式，而是一味在這種改變的痛苦中懊惱，將會持續對孩子乃至整個家庭帶來負面的影響。

• **角色轉換需要被儀式提醒**

我是在孩子被我的肩膀甩開大哭的那一刻，覺悟到自己是個媽媽了，但是，如果有更好的方式，我想我或許會提前察覺到這一點。

在金芒能跑的時候，我帶她去參加一個同學為兒子「慶生」的滿月酒宴，當時排場很大，入口處有接待小姐負責嘉賓簽到，之後有司儀先生引導入席，同學、同事、家屬來自世界各地。

過去，太多以「辦事」為虛、斂財為實的「慶祝儀式」讓我心裡厭煩不已；而在大都市多年，這樣的「俗事」很少碰到，我自己在「結婚」、「買房」和「生孩子」人生重大問題上也盡可能低調再低調，生怕落入自己深惡痛絕的形式主義。如今參加同學的邀請，主要是想讓金芒多接受一些社會資訊。

但是，當同學夫婦倆抱著孩子，在臺上發表父母感言，由自己當父母聯想到自己父母的艱辛而向父母鞠躬的時候，我被深深地震撼了；當這對新手父母抱著一個月的寶寶來到各個酒桌前，大家紛紛向他們慶祝。在給孩子祝福的時候，我感覺到了許久未能體會的莊重感。

那一瞬間，我明白了自己為何那麼晚才體會到當「媽媽」的感覺，那是因為當生命發生重大轉折的那一刻，自己的生活中缺少一個來自靈魂的「儀式」來提醒和引導自己，哪怕是最簡單的方式。

心靈的蛻變需要助力，心靈成長的節拍也有必要靠一些儀式來呼應，這樣，我們在發生轉折的那一刻，才能更好地知道自己正在脫離過去，邁向未來。

- **我們可以靈活扮演各種角色**

當「女孩」蛻變成「媽媽」的時候，也並不一定要完全拋棄「女孩」的身分。當走向新生活時，我們也沒必要和過去的自己徹底決裂。

想購買某件衣服的時候，是否聽到內心出現這樣的聲音：「都當媽的人了，還穿得這麼少女！」

想和老朋友聚會的時候，是否聽到內心出現這樣的聲音：「妳就忍心把孩子丟給別人？」

脆弱無助要掉眼淚的時候，是否聽到內心出現這樣的聲音：「妳是媽媽，應該堅強！」

是的，當我們進入「媽媽」的角色裡，會偶爾聽到這樣的聲音，它們批評我們，指責我們，高呼著讓我們與過去的自己徹底決裂，有時候讓我們左右為難，或者感覺受到了束縛。這些聲音，表面上來自於外界，本質上卻來自我們自己的內心——如果我們的內心沒有這樣的聲音，也就不會在乎別人的評論了。

我們就這樣被「媽媽」的角色綁架了——我們確實邁向了新生活，可是在新生活裡，我們失去了太多的東西，想要回頭已惘然。如果妳也曾遭遇我過去這樣的心境，妳一定像我一樣被「媽媽」這個角色所綑綁了。

「女孩」和「媽媽」兩個角色是可以並存的。「媽媽」這個角色意味著給予別人照顧和愛，「女孩」的角色意味著需要別人的照顧和愛。並不是當了「媽媽」後，這個角色就一定要悲壯地替換掉女孩的角色，它們並不是非此即彼的關係。當我們的內心讓出一個足夠大的空間給「媽媽」之後，還可以為自己保留一個當「女孩」的空間；而當這個空間得到了充分的滋養，「媽媽」的空間也能充分獲益，得到足夠的支持。否則，「媽媽」的空間就成了無源之水，終有乾涸的一天。

當「媽媽」的角色出現在生命裡，並不妨礙妳把其他角色扮演得更好。

妳可以是一個慈愛的媽媽，妳也可以是一個玩滑板的嘻哈女孩；

妳可以給孩子無限的寵愛，妳也可以在父母和丈夫那裡嘟嘴、撒嬌；

妳可以為孩子勇敢地扛起一片天，妳也可以躲在溫暖的懷抱中偷偷哭泣；……

從「女孩」走進「媽媽」的角色裡，之後需要再走出來，讓各類角色和諧相處，我們才能更加靈活、更加豐富多彩地生活。

貼心小語

所謂為母則強，當了媽媽之後，由於內心對孩子的愛與責任，讓我們變得更加勇敢和堅強。但是，這並不意味著我們喪失了撒嬌與哭泣的權利。在角色過渡、角色適應和角色承擔過程中給自己一些時間；在扮演的各種角色中，不要讓「媽媽」這個角色束縛了我們過去的所有角色，各種角色都有各自的使命，對我們都很重要。

很遺憾，完美媽媽不存在

我在和一些媽媽聊天的時候，發現很多媽媽存在育兒焦慮：

看到有的媽媽替寶貝報了才藝班，就算借錢也要「跟風」去上，就怕孩子輸在起跑點上；看到有的媽媽替寶貝買了漂亮的新衣服，她就思考自己寶寶的衣服是不是太舊了?有的媽媽知道要「鼓勵式教育」，雖然表面上一直誇孩子「你真棒」，但是背地裡卻對我說：「我家寶寶很不愛說話，真擔心他！」

更有過分焦慮的媽媽，總是擔心自己做得不好，時時處於內疚之中。孩子感冒了，她懷疑是因為自己半夜睡太死，沒能像貓頭鷹一樣徹夜值班導致的；看到別的孩子能流利地唱幾首兒歌而自己的孩子做不到，就責怪自己平時沒有多花時間開發孩子的智力；自己的孩子長得比別人的孩子矮小，就覺得自己在孩子的營養上沒有多下工夫……

媽媽們，請記得：我們是凡人，不是神！

我們每個人都有自身的能力界線，都會有遺憾、有考慮不周全的地方，陪著孩子成長固然重要，但如果對寶寶的照料過於投入，事無鉅細，什麼都要費盡心思，時間長了，便會發現自己情緒低落、失眠、注意力難以集中，嚴重者還會變得脾氣暴躁，甚至出現神經衰弱等生理不適症狀。

隨之而來的便是生活品質下降，彷彿育兒生活成了讓人煩惱的責任，過去平靜的小家庭似乎因為寶寶降臨而被擾亂，喪失了生活最初的樂趣。這種嚴重的焦慮不僅傷害了自己的身心健康，同時，這種負面情緒還會傳染給寶寶，對他（她）造成不良影響。

這些媽媽焦慮的原因很大程度上來源於自己的恐懼，由於社會競爭壓力大，所以，成人們居安思危，未雨綢繆，想要「超前布署」，這往往導致家長對孩子的期望值過大，總喜歡拿自己家的孩子與別人家的作比較，一有差距就驚慌失措、坐立不安，想方設法讓孩子被動地接受你的教訓。大人過多的焦慮會讓孩子不知所措，有時反而會讓父母的預期失算，甚至適得其反。

我曾看到一個媽媽在女兒七、八個月大的時候就開始訓練她走路，嘴巴裡還叨唸著：「妳真棒，妳看別的小朋友都沒有妳學的快！」在孩子的肌肉和骨骼還沒有發育到成熟的時候，就讓他進行身體無法承擔的事情，這對孩子是好是壞？要根據孩子成長發育的階段和特點去培養，有些揠苗助長的事情，比方說走路，這是孩子自然而然可以發展出來的能力，實在不必刻意提前訓練。

另外，還有一些媽媽對孩子的安全問題非常焦慮：擔心孩子會生病，天氣冷就不讓他去外面玩；稍微有點危險性的，堅決避免參與。這些過度的擔心只會禁錮孩子的天性，使孩子的探索求知慾受到阻隔，無法獲取必要資訊的同時，也漸漸讓孩子產生了惰性思維。要知道，我們沒有力量去保護孩子的一生，所以我們也要適當給孩子受挫的機會。

「那個髒髒，不要摸！」孩子想玩泥巴被制止。

「那個碰到會痛痛，不要碰！」孩子蹲在地上，好奇地觀察眼前帶刺的植物時被制止。

「哎呀，車車來了，快躲開！」只要看見周圍潛藏的危險，不管距離自己多遠，就忍不住開口提醒孩子了。

因為捨不得讓自己摯愛的孩子受苦、受累、受罪，我們容易演變成這樣的「慈母」，阻止孩子、警告孩子、恐嚇孩子，結果把孩子的求知慾和探索慾全部綑綁，更可怕的是將孩子成長中的智慧也無情斬斷了。

有一次參加一個父母成長營，兩個朋友在臺上表演，扮演父母的人說一遍：「孩子，你不要……」時，就往扮演孩子的人身上纏一圈衛生紙；當「你別……」、「你不能」這些詞彙不斷向孩子輸出時，我看到那個「孩子」已經被衛生紙包裹得嚴嚴實實了。這時候，扮演父母的那個人開始對孩子說：「孩子，你出去找工作呀！」、「孩子，你怎麼不出去和朋友玩啊！」、「孩子，你不能總待在家裡呀！」

可憐那個被綑綁的孩子，長大後或許只能在家裡啃老了。

那個場景給了我很深的觸動。我開始反思自己：這些負面的詞彙自己說過了嗎？怕風怕雨怕冷怕熱，那孩子未來能有多大的適應能力呢？

有的媽媽說：孩子小，我們當然要保護孩子的安全，否則孩子病了怎麼辦？受傷了怎麼辦？有危險怎麼辦？

好吧！我也是媽媽，我就直說了——最根本的焦慮是，孩子發生意外怎麼辦？隱藏在這些媽媽焦慮背後最深的恐懼是擔心失去孩子，她們希望藉由自己的控制來抵抗這一恐懼，這是很多媽媽淪為「孩奴」的終極原因。

由於自己極端恐懼這種後果，因此可能會為了孩子的安全而讓孩子失去快樂和智慧，為了自己的「控制感」而泯滅掉孩子自身的意願和個體思考能力。

那我們是自私的還是無私的呢？

曾經在一本書上看到一個媽媽和一位智者的對話。孩子已經青春期，執意要和朋友們去一個遙遠的地方探險，媽媽由於擔心安全問題而堅決阻止，結果母子倆鬧得很僵。其實，這種問題會在孩子未來獨立性更強的時候頻頻出現。

智者建議媽媽放手，和孩子一起做好必要的安全準備之後讓孩子去，並給他祝福，不要讓擔心這種負面情緒影響到孩子的快樂。這位媽媽說：「那如果我就此失去了他，該怎麼辦？」

智者的話意味深長：「這世界上的事情分我的事、他人的事和老天的事，我們只能管我們自己的事，對於他人和老天的事，我們是無能為力的。」

一語點醒夢中人啊！

貼心小語

孩子在嬰幼兒時期，就是以視覺、聽覺、觸覺、味覺和嗅覺來獲取資訊和發展智慧的，因此，多讓孩子看一看、聽一聽、摸一摸、動一動、聞一聞、嚐一嚐，孩子的智慧就開發了。只要不發生大危險，孩子就算受了小傷也是一種屬於他的經驗，我們不該為了減少自己的焦慮而讓孩子喪失多種體驗的機會——即使是受挫折的機會。愛孩子，就要捨得讓孩子受苦，因為這是屬於孩子成長的權利。

第二章　你的成長碎片，我的燦爛詩篇

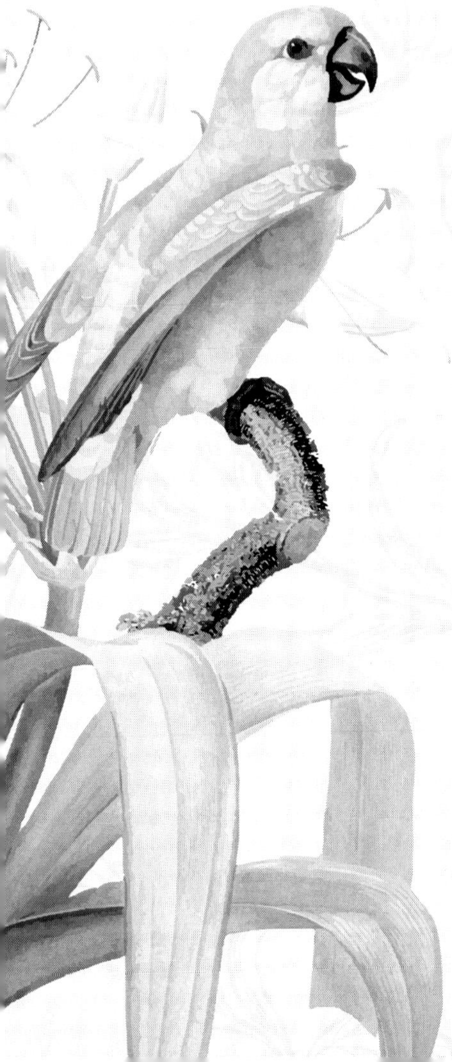

當初我是如此愛你

如果你當了父母，是不是和我有一個共同缺點，那就是：怎麼看都覺得自己的孩子是那麼漂亮、那麼可愛——即便在外人看來你的孩子超級普通。

我曾經看到一個媽媽望著三歲左右的女兒由衷地讚嘆：「妳真像一朵小花！」沒當媽的我當時感覺這個媽媽還真做作，真肉麻。可輪到自己時，才懂得這種美好的心情。

尤其是在寶貝還是個小不點的時候，臉上是肉嘟嘟的嬰兒肥，總是忍不住想多親上幾口；那柔軟噴香的絨髮，也總忍不住用臉輕輕撫蹭；那圓鼓鼓的飽滿的腳指頭粒粒，也總忍不住趴在床上一個一個地親啊親；那白嫩柔軟的小脖頸散發出的奶香味，更是讓我迷醉……

孩子咿呀咿呀的火星語，是世界上最動聽的聲音；

孩子掉下的一顆顆的眼淚，真的像珍珠一樣啊；

孩子張著沒長牙的小嘴巴傻笑，真的是這世上最溫柔的良方；

我被這個美好的小東西徹底迷住了……

為此，我練就了超強的本領：

在生完孩子住院時，新生兒們每天要被推出去集體洗澡撫觸，之後這群孩子被護理師們又集體推回來，在此起彼落的不下十幾種哇哇哭聲中，我能敏銳地判斷出哪個是我的孩子——這種聽力不知道怎麼練就的；

我會在半夜醒來，用剩下所有的睡眠時間看著熟睡女兒被子之外露出的臉、手和腳，欣賞、驚嘆，從她身上觀察自己和她爸爸的影子，感嘆生命的神奇——整個睡眠就被這種美好的欣賞替代了，還不覺得睏；

這樣的日日夜夜慢慢在流逝，她也在逐漸長大……

我依然在清晨醒來，手撐在枕頭上用柔情的眼睛欣賞她睡覺的樣子，看她像我一樣喜歡在睡覺的時候用手托著臉蛋，一副思考的模樣——天啊，這也會遺傳嗎？

寶貝慢慢將小門簾一樣的睫毛打開，露出黑葡萄一樣的眼珠，孩子的眼睛純淨無邪、黑亮清澈，真是人間的美景，我忍不住要「吃」葡萄——寶貝早已熟悉了我的奇怪愛好，笑著閉上眼睛讓我去「吃」，當我故意驚叫：「哎呀，妳的葡萄不太乾淨呀！」她會一反平時賴床的常態，快速爬起來光著腳跑進廁所的洗手臺旁，站在小凳子上照著鏡子把眼睛的分泌物洗掉，接著跑過來重新上床讓我繼續吃「乾淨葡萄」。

我還要吃櫻桃——孩子的嘴巴紅裡透粉，粉裡透紅，亮澤晶瑩，真的和可愛的櫻桃一樣啊（在我吃「櫻桃」時，金芒會趕快將嘴唇潤溼，以便達到更加晶瑩剔透的效果），透過金芒，我才深刻理解「櫻桃小口一點點」所形容的境界。

吃完了「櫻桃」，金芒翻身趴在床上：「媽媽，妳可以吃麵包了，很好吃哦，豆沙餡的呢！」於是我對著她的小屁屁一頓狂親……最後還有耳朵和鼻子，她會自己想一些可愛的形容詞主動獻上來讓我「吃」。

這是我們母女之間樂此不疲的遊戲。自從當了媽媽，我才感嘆自己：原來可以如此愛一個人——就像婆婆說起某位爸爸在剛給孩子擦臭臭後，又忍不住用嘴巴親她的小屁屁——這我完全理解！因為孩子確實能讓我們愛得如此痴迷。

這種毫無保留的、毫無條件的愛是我過去的人生中從未體會的，這種情感讓我滿足，也讓我感嘆自己的力量，每天，她都在像小苗拔高一樣成長，學習和實踐著長大的新本領：從只能躺著到試圖抓爸爸的手指翻身，從只能趴著到能挪動手臂向前爬，再到扶著牆站起來，摔了一次次屁股蛋後繼續不斷嘗試……

我迷戀著她的成長，和她一起生活的點點滴滴都是美麗的詩歌。

曾有朋友評價我的孩子長得其實很普通，我知道沒當過家長的他是用世俗的審美去看待事物——眼睛大不大、是不是雙眼皮、睫毛夠不夠長、鼻子夠不夠挺拔等等，可是父母對於自己孩子身上的那種「美」的欣賞和感嘆，遠遠超越了這些，那是對生命的讚嘆和感恩，是對純淨美好人性的膜拜。

說了這麼多美好的感受，我卻想說個「但是」：我們在孩子生命之初是那麼愛我們的孩子，完全是無條件的接納，接納到可以每天觀察孩子的大便是什麼顏色，成形不成形。可是後來，我們對孩子卻做不到這樣的接納了。

過去看孩子，怎麼看怎麼好，可是隨著孩子的長大，就覺得孩子不是這點不好，就是那點不好。不是嫌孩子太胖了，就是嫌孩子太瘦了，不是嫌孩子數學不好了，就是嫌孩子字跡太醜了。

為什麼我們發生了這樣的改變呢？我們怎麼就從毫無保留地愛孩子變成了不斷挑剔孩子呢？

當我們開始對孩子有了期待，有了要求，對孩子有了基於我們自身的「好壞標準」，就會用自己的價值觀開始無意識地框架住我們的孩子了。

孩子剛開始是一個完整的、美好的事物，但漸漸被我們做父母的分化了，喜歡靜的父母削弱著孩子的動，喜歡動的父母則欣賞並強化孩子的動；做生意的父母讓孩子學習如何做生意，愛好音樂的父母薰染著孩子對音樂的愛好……

不可避免的，孩子遺傳了我們的思維和行為，但由於他自主思考的形成，產生了屬於自己的想法，孩子和父母便從「共生」狀態開始不斷分化，於是，矛盾也就產生了。

「有一種冷，叫做媽媽覺得你冷。」這句話很流行。媽媽的原始共生的感受還未消除，還以為自己和孩子是一個整體，用自己的感受去理解對方的感受，卻不知道，對方已經有了屬於自己的感受和思考。

後來的親子矛盾，可能就是由此而產生。

貼心小語

父母都愛自己的孩子，剛開始都會無條件地接納孩子，如果後來不能接納孩子，就多想想是不是孩子與自己不在同一個思考的框架裡，而自己的想法就一定是正確的嗎？從孩子的「第一次說『不』」去理解他背後的想法，有了這樣的意識，之後便會減少很多親子之間的衝突。

不得不玩的「穿越」

因為爸爸總是很晚回來，金芒每天晚上都要和媽媽去接爸爸。

爸爸基本上都是八點半左右到家，所以一般情況下我們都八點左右下樓，說說笑笑來到社區門口也差不多過了十多分鐘。

但有一次，爸爸心血來潮，提前回來，想給我們一個驚喜。而當時我們正準備穿鞋下樓接他。

金芒鞋子還沒穿完，就看到爸爸推門回來了，立刻就哭起來：「我還沒接你呢，你就回來了！」

爸爸有點生氣了：「沒接就沒接，明天再接吧！」

金芒不聽，依舊哭個不停。

好在我懷孕時就刻苦研讀兒童心理學，知道三歲這個階段正是孩子固執地要遵循「規則」的時期，一切都應該按照一定的邏輯來，她才有安全感，否則她會因為事情的變動覺得喪失掌控感而焦慮。

和金芒爸爸分享了這個知識後，他只好再次下樓，我們三人一起走回社區大門，之後我和金芒依舊站在每天等待的路燈下。

她老爸想偷懶，走到大門口就想轉身，結果被金芒發現：「媽媽，他沒從大門外回來！」於是，哭笑不得的爸爸再次退回到大門外，站了一會兒，我朝他喊：「過來吧！」

這時，老公才裝成和平時一樣，慢慢悠悠地進入大門。我也像以往一樣，趕緊對金芒喊：「爸爸回來了！」

「爸爸！」女兒像平時一樣飛奔上去，抱住爸爸的腿，匯報一天的戰果：「我今天照顧媽媽了，幫忙掃地了，我還為你做飯了……」

我們三人這才重返上樓。

過幾天，她老爸又忘了，提前回來的惡果就是需要重新穿越時光，像倒帶一樣再重演一遍。

後來，厭煩了玩「穿越」的爸爸回家前一定會發訊息和媽媽確認：「還有十分鐘到家，下樓接我吧！」

貼心小語

孩子的這種行為在三歲左右很常見，他要求很多事物必須按照過去的秩序進行，比如媽媽的毛巾就應該媽媽來用，爸爸用就是不可以，爸爸的物品也不可以由別人來使用。孩子對常規化的生活流程也異常堅持，不容打亂。如果父母不懂這個階段孩子的特點，就會批評孩子「固執」。實際上，這是孩子建立秩序感的敏感期，對於處在這個階段的孩子來說，世界是以不變的程序和秩序而存在的。這種程序和秩序只要進入幼兒內心，就會成為幼兒最初的內在邏輯。家長只有了解了這個成長規律，才能理解孩子，從而讓孩子體會到成長的美好，順利度過這段時期。

有創意的臭臭

將金芒從幼稚園接回家裡，我忽然想到利用新聞採訪的形式，讓我多了解孩子，並且訓練她語言和思考的能力。

於是，我在她吃飽喝足之後，很嚴肅地對她進行了一次專訪：

Q：小寶，妳最喜歡做的事情是什麼呀？

A：拉臭臭！

想一想她上大號時的神情和狀態，確實很快樂。

這個時期的孩子對大便的熱愛，其實是有理論根據的。

佛洛伊德把精神結構發展的第二個時期稱作「肛門期」（anal stage，約一歲半至三歲），將心理發展與生理功能的發展連結在一起。一歲半左右的孩子通常都要開始接受大小便的訓練了，隨著括約肌的發達，孩子開始能在一定程度上控制自己的大小便，大便的累積造成強烈的肌肉收縮，當大便通過肛門時，黏膜產生強烈的刺激感，這樣的感覺不僅是難受，同時也會帶來高度的快感。另外，大便對嬰兒還有其他的重要意義。

對嬰兒來說，大便是他身體的一部分，排出大便相當於做出「貢獻」或獻出「禮物」，而且，藉由排便，他可以表達自己對環境的積極服從，而憋著則代表自己不肯屈服。因此，從主客體關係性質來看，大便在某種意義上變成了孩子與父母或成年人保持關係的某種工具，孩子們感受到他能在一定程度上影響周圍的人和環境。

我曾看到一位父親的部落格，他記錄他的孩子處於肛門期的時候會一邊大便一邊跑，還哈哈大笑，感覺很快樂。

對於三歲之前的孩子來說，父母為孩子解決大小便的問題是每日的例行公事，我知道有些父母在孩子上大小便，尤其是幫孩子上大號的時候都會露出很厭惡的表情，因為增加輔食後的大便很臭，在沖刷馬桶的時候更是噁心。

有時候，孩子因為控制力不夠，會不小心將大小便解到褲子裡，有些父母便會羞辱孩子、責罵孩子，其實，這些行為都會帶給孩子傷害，讓他們將大小便與被厭惡、被羞辱聯繫到一起。因為大便是孩子「身體的一部分」，父母厭惡的神情會帶給孩子自卑和被排斥的感受，未來還可能影響到孩子的性生活，感到性器官骯髒而喪失對性活動的熱情。

在孩子的排便問題上，我比較注意這些，每次她上大號時，我們都會當成遊戲來玩，剛開始看卡通裡小動物上廁所的故事，在上完大號要沖馬桶的時候，我們都會和便便說「拜拜」。每次她拉的時候，都會先問我：「媽媽，我會拉小顆臭臭還是水水臭臭的呢？」我說妳拉完就知道了。有一次，她上完之後驚喜地說：「我拉了三個臭臭，一個是爸爸，一個是媽媽，還有一個寶寶！」看著小馬桶裡的三小段便便，尤其是那個小點的，我哈哈笑起來，原來上廁所也可以上出這麼多創意。

有一次，金芒吃西瓜有點冷到了，吃完就要上大號，結果拉完後看了一眼說：「媽媽，我拉的臭臭好『乾癟』呀！」我馬上被她用的這個詞震驚到了，看來大便也可以幫助孩子的語言發展，至少能學會不少形容詞。

逢年過節，一些店家在門口擺放了鮮花和燈籠。金芒和爸爸到某間店門口，看到大門左右分別擺了兩大圈花，而且花束的擺放都是一圈一個顏色的，一層比一層高，最後中間是個小黑點，女兒想像力大發：「爸爸你看，這像兩坨臭臭！」

貼心小語

孩子在生理上從不能控制自己的大小便到有這個能力，是需要階段性發展的，這需要家長接納。在孩子的大小便問題上，有的家長過於緊張，總是不斷詢問孩子想不想大小便，這種過度關心會造成孩子的緊張。有的家長因為孩子尿溼或者把大便解在褲子裡而訓斥孩子，甚至打屁股和威脅孩子，這使得很多大孩子對大小便產生恐懼感，比如在夢中找不到廁所，終於找到時，現實卻尿床了。有些孩子的心理障礙與童年時期的大小便問題相關，比如經歷一次尿褲子的嘲笑，可能幾年內都會對上廁所缺乏足夠的安全感，這樣的案例是有的。因此，在孩子的大小便問題上，真的需要我們耐心一點。

混亂的時間觀念

週末下午，我和孩子的爸躺在床上休息，這可忙壞了女兒。

她一下幫她爸「吊點滴」，再拿一張紙假裝消毒「擦擦」。之後「蹬蹬蹬」跑到我身邊：「媽媽，妳咳嗽，給妳吃藥！」她把小手伸過來，假裝把「藥」扔到我嘴巴裡，我張開嘴巴配合著，還要繼續配合她「吊點滴」，這裡剛打完，她又跑到她爸爸那裡……我們剛閉上眼就被她弄醒。

她來來回回地跑著，不亦樂乎，忙得滿頭大汗。我實在受不了了：「醫生啊！我什麼時候才能出院？」

混亂的時間觀念

「三會兒就出院了！」她回答。

「那我呢？」她爸問。

「你四會兒就出院了！」

剛開始，我們還有點不懂，後來明白了，原來「三會兒」、「四會兒」是一會兒的三倍和四倍的意思。

「媽媽，我都好幾年沒過生日了！我現在就要過生日！」金芒翻看過去一歲時過生日的照片嚷嚷道。

我知道她愛吃蛋糕，可是生日總不能天天過吧！但跟她解釋一年這個時間觀念真的太複雜了。

後來，我上一位研究人類智力發展的老師的課，其中有一堂是專門幫助這個階段的幼兒學習時間的，可以分享給大家：

孩子總會來找大人玩，這個時候，我們往往在忙家事或者做別的事情，這就是教孩子掌握時間的契機了。

「寶貝，你看媽媽在做什麼呀？」這句話是引導孩子對我們形成良好的對外關注，以防孩子總是注意自己的需求，而忽略別人。

當孩子說：「媽媽在洗碗（或者當時情境的其他事情）呀！」「對呀，所以媽媽現在沒有時間和你玩。」說完這句話，趕快把事先準備好的鐘錶拿過來，再繼續問孩子：「你看現在是什麼時間？」（注意，這就是在教孩子初步培養時間概念了）孩子通常不知道，家長可以告訴孩子。

「媽媽現在沒時間，不過再過十分鐘，也就是當分針走到這裡的時候（指給孩子），我就有時間和你一起玩了。」這段話是讓孩子對一段時間有個初步的概念。

「寶貝可以邊玩邊看著時間，到十分鐘的時候再來喊媽媽，因為我可能一忙就忘記了時間。到時候我就可以和你玩了。」這句話是讓孩子注意時間，自己來承擔時間。

經過幾次這樣的訓練，孩子就對時間有了大概的認識，並且能養成注意其他人的習慣，而不是自己想做什麼，不顧別人是否有時間、是否正在做事情，就一定要求別人來配合自己。以後做事時，會先注意一下別人是否有空，也會尊重別人的時間。

貼心小語

孩子從沒有時間觀念到對時間有清楚的認知，是需要家長在日常生活中刻意訓練的。最好的學習方式是將「時間」這種抽象的事物用形象的「鐘錶」來表達，並且融入到日常生活情境中，讓孩子真正懂得時間與生活的關係。

多變的龜兔賽跑遊戲

在睡覺前，要和金芒玩幾個遊戲才能進被窩，這成了我和女兒每天不變的娛樂節目。

經常玩的遊戲是我們兩個分別拿著烏龜和小白兔的毛絨玩具進行話劇表演，先是「認識朋友」，有時候我們用英文進行，先介紹自己是誰，有什麼興趣愛好，當兩個小動物「Let's Go」之後，總是「小白兔」先衝出去，之後開始驕傲地睡大頭覺，最後烏龜慢吞吞追上來，反敗為勝，取得了第一名。

玩過幾次之後，我覺得乏味了，就有了新主意。當我再一次當「小白兔」的時候，我一馬當先，當金芒這隻「小烏龜」在後面喊著：「喂，小白兔還沒驕傲耶！」我這隻小白兔已經馬不停蹄地跑向了終點。理由很簡單：「這次小白兔沒有驕傲，所以牠理所當然跑到了第一名啊！」

金芒眨著眼睛，被新的情況搞糊塗了，慢慢才明白，兔子有時候會驕傲，但是並不是每次都驕傲。

看到小寶能適應這種情況後，我覺得可以利用這種方式訓練她的邏輯思維，於是又來了更多的新主意。

我當「烏龜」的時候，讓「小白兔」中間摔上一跤，之後「烏龜」上去攙扶「小白兔」，「小白兔」被攙扶起來後，跑向終點得了第一名。當烏龜也來到終點的時候，我大聲地讚美烏龜：「雖然小白兔跑步得了第一，但若中間烏龜不扶牠起來，牠就跑不動了，烏龜雖然沒有得第一名，但是因為知道幫助別人，同樣也很優秀！謝謝烏龜！」

於是，我們的「龜兔賽跑」沒有固定玩法了，有時候小白兔驕傲，有時不驕傲；有時候烏龜摔倒，白兔去幫忙，也可能不幫忙；有時候第一名的人受到誇獎，有時候沒得第一的人反而受到誇獎……形式多變，讓金芒無法預料結果是怎樣的。

當然，這一切都要看孩子思考的接受度，如果孩子無法接受過多複雜的資訊，就只能玩一兩種不同的情況。遊戲的主動權由剛開始的家長控制，在孩子掌握情況之後，慢慢交給孩子自己控制。

我藉由「龜兔賽跑」遊戲，希望女兒能打破常規思考模式，建立起道德觀念，除了第一名，生活中還有很多事情同樣重要，而這些事情是我們萬萬不能忽略的。

只一個「龜兔賽跑」，我們可以演繹無數個故事出來，讓孩子明白很多事情。和孩子玩耍的時候，大人需要一點創造性。

在孩子的思考範圍內，還可以延伸很多東西：

烏龜總是失敗，牠放棄了努力，徹底心灰意冷，最後在他人鼓勵下，意識到只要自己努力堅持，就算很成功了，重在參與，第一並不重要。

烏龜有一天放棄了和小白兔賽跑，牠說：「為什麼要拿自己的短處和別人的長處比？為什麼不比誰的耐性更好呢？」

小白兔放棄了和烏龜賽跑，牠去找跑得比自己還快的對手比賽了，和一個比自己弱的人比賽，本身就降低自己格調啊！大獅子怎麼會想跟小老鼠比賽？

貼心小語

擴散性思考在和聚斂性思考是解決問題時需要的兩種思考方式，這兩種思考方式在幼兒期就可以培養。擴散性思考是思考者根據問題提供的資訊，不依常規，尋求變化，獲得多種答案的思考模式，其特點具有極大的主動性和創造性。在教孩子學習知識時，可以引導孩子從多個角度考慮同一個問題，尋求多種答案。剛開始可以從簡單的來，比如讓孩子想出盡可能多的圓的東西、木頭類的東西等。與擴散性思考相對應的就是聚斂性思考，聚斂性思考法是把廣闊的思路聚集成一個焦點的方法，它是一種有方向、有範圍、有條理的收斂性思考方式，也可以在幼兒期培養，比如問孩子：「貓和狗，牠們都可以叫做什麼？」

出生前，我在哪裡

拿出舊相簿，和金芒一起追憶我和金芒爸過去的日子。金芒看著我和爸爸一些出去玩的合照，非常氣憤：「你們出去玩怎麼沒帶我一起？」

「可是那時候妳還沒出生呢！怎麼帶呀？」

「媽媽，出生之前我在哪呢？」

這個問題問得好呀！把我難住了。是啊！出生之前，孩子在哪裡呢？

「也許，出生前妳是一片雲彩、一朵小花、一隻蝴蝶，還可能是一株小草……反正，那時候我們還沒有見面呢！」

金芒對這個答案很滿意，以後看到照片沒有她時，她自己就會發展出很多可能性，如：「我當時可能是一隻蜻蜓，可能是一隻小鳥，可能是……」她對她來這個世界之前的狀態做了很多美妙的設想，並且非常陶醉其中。

是啊！所有的生命原本是息息相關、相互演變的，今生與她相見，出於偶然也是必然，因此要珍惜這個緣分。

貼心小語

孩子有時候會問成年人一些難以回答的問題。如果大講特講科學知識給他聽，孩子也沒辦法理解。這時候，我們不妨詩意一點，用孩子能理解的話給予簡單的回答。幼兒期的孩子還處於「泛靈論」階段，泛靈論就是認為所有的事物都是有生命的。而生命原本就是平等的，且息息相關，早日把這種社會認知種植到孩子的心中，對孩子的成長十分有利。

女兒婚禮感言

忘記從什麼時候起，金芒睡覺前一定要人「抓癢癢」，剛開始的時候是真的癢，能在她的皮膚上發現一個小包或者一根她的細頭髮，後來什麼都翻不到，只是聽睡意朦朧的她喊癢，這時候通常是她的爸爸替她抓癢。

時間一長，我發覺孩子不是真的皮膚癢，而是心裡癢——她是希望睡前得到肌膚的撫摸。她白天從來不癢，晚上睡前玩遊戲聽故事也不癢，卻偏偏在睏得不行的時候喊癢。於是，睡前三部曲：玩遊戲、講故事、抓癢成為了很久以來的固定行程。

有時候，看她爸爸抓癢抓得昏昏欲睡的，我也接替他一下，但是我擔心指甲抓破女兒的嫩皮膚，於是，我總是用手掌來撫摩她，結果某天晚上就遭到了金芒的強烈反對：「媽媽，妳這是溜滑梯（小孩子用的詞彙總是讓人震驚），不是抓！」於是，抓癢的工作又交還給昏昏欲睡的老公，還是人家抓得舒服，抓得恰到好處，我自愧不如！

老金忽然來了靈感，說道：「我忽然想到未來婚禮上對女婿說的話……」「金芒小時候啊，睡覺有個習慣，就是必須要抓癢才能睡著，過去都是我幫她抓，後來小女孩長大了，這個工作交給了她媽媽，現在這個工作又交給了你！」

貼心小語

觸摸是親子溝通的有力方式。人在觸摸和身體接觸時情感體驗最為深刻。每個孩子都有被觸摸的需求，這是一種本能。嬰幼兒在接觸溫暖、鬆軟的物體會感到愉快，他們喜歡被擁抱和撫摸。觸摸不僅使孩子感到愉快，還使他們對觸摸對象產生情感依戀。

自己睡覺

金芒的幼稚園好朋友小宇已經自己睡覺了，去小宇家玩回來後，我想受小宇耳濡目染的影響，金芒也該能自己睡覺了吧？可是，她依然說不敢。

自己睡覺

不久後，金芒去舅舅家玩，一下子愛上了表哥的上下鋪，主動要求在上鋪獨立睡，結果就完成了金芒自己睡覺的偉大成就。一結束旅程回到自己家，她便吵著要自己睡了，看來同輩間的影響真的很大。

為了將「自己睡覺」這件大事貫徹到底，我們夫妻倆在她門外的白板上鄭重地標注上「二十一天倒數計時」，並承諾獨立睡夠二十一天時，她將會得到一份大禮。

為了讓她在自己的房間裡更有歸屬感，我買了漂亮的公主床單和撒滿小粉小黃小綠花的被套，迅速把她的房間裝扮得洋溢著女孩的浪漫氣息，床邊放著她喜歡的絨毛玩具，孩子的爸又氣喘吁吁地把一張白色的電腦桌從客廳搬到她的房間，這樣她以後看卡通時，就可以有「在我自己房間」的感覺了。

我們兩個忙了大半天，累倒在金芒漂亮的小床上，爸爸故意發出一聲感嘆：「這麼漂亮的床，我都愛上它了！」

「那你和它結婚好了！」金芒站在床邊，冷靜地說。我忽然察覺到，我們兩個的表現似乎有點太過積極了，讓孩子主動布置屬於自己的空間更好。

一天晚上，聽到女孩臥室傳來嚶嚶的哭泣聲，我和老公連忙衝過去看。金芒坐在床上委屈地哭著，原來是半夜醒來時，金芒把小夜燈投在牆上的黑麻麻的影子當成了猴子，結果就嚇哭了。我們打開燈，確認那不是猴子後，金芒終於肯重新鑽進被窩，陪伴了一會兒便睡著了。

一次，照常在她床上陪她入睡，她忽然流淚說：「媽媽，妳能晚點離開嗎？妳走了以後，我都睡不著，我都哭好幾次了！」

女兒的淚讓我心裡很難過，我知道，這麼小的孩子獨自一個人睡覺是需要多麼大的勇氣，她需要克服對黑暗的恐懼，還有頭腦裡幻想出來的怪獸。在午夜噩夢中醒來，父母在伸手不可觸及的地方，要她走過一條漆黑的客廳尋求幫助，都是一個很難突破的困境，也許，這時候金芒都選擇了自己來克服，因此，她雖然在半夜默默哭過很多次，但是都沒有大聲喊我們。而我們也是在後來才聽到她訴說自己的這段心路歷程。

我真的很心疼，但是——女兒，這是妳必須要自己走的路，還是得堅持下去。

對於噩夢中的怪獸，我教她唸一句咒語：變變變，變變變！之後想像自己進入一棟發光的堅固房子裡，任何東西都傷害不了自己，這棟房子會保護自己。這個時期的兒童思考主要靠想像，我想至少可以給她一種避免傷害的想像的引導吧！

二十一天終於到了，早上大家吃飯慶祝的時候，金芒突然冒出一句話：「我已經堅持了二十一天了，明天可以和你們一起睡了吧？」

正當我張著嘴尷尬的時候，聰明的老金馬上把倒數計時改成了正數計時，並在下面倒數計時耶誕節，等耶誕節到了，開始倒數計時生日……總之，在自己睡覺的前提下，總有可以期盼的節日和禮物，而「自己睡覺」這件事，就慢慢被淡化，並且隨著天數的增加，成為了金芒的驕傲。

後來，她沒有再吵著要回我們的房間睡覺，只是早上起得早的時候，會來到我們房間鑽被窩鬧一下，我們也不敢邀請她「隨便留宿」，生怕前功盡棄，看來，這個習慣算是養成了！

貼心小語

自己睡覺，是培養幼兒獨立性的重要事件。每一個習慣的養成，都需要一個循序漸進的過程。首先，要為孩子創造獨立的環境，引導他能主動提出這樣的要求，至少要說明這件事情對他本人的好處，透過協商讓他接受。「環境打造」最好能讓孩子主動參與，讓他有自己是小主人的感覺。分床也要循序漸進，最好先在一個房間裡，讓她單獨一張床，然後再獨立一個房間。孩子剛開始獨立一個房間時，父母最好多陪伴一點，用講故事等方式讓他睡著後再離開，漸漸地讓他自己聽故事，減少陪伴的時間。對自己睡覺的行為，也可以採用鼓勵的方式，慢慢變成一種習慣。

未來的富翁

傍晚，我和老金正在各自看書，金芒拿著超市DM走到我面前，鄭重其事地說：「媽媽，妳選一些妳喜歡的東西吧！我長大賺錢了買給妳。」那架勢，似乎我選完了，她馬上就能滿足我一樣。

孩子有這種付出的萌芽不容易呀！我很正經地選了幾樣我喜歡的商品：「媽媽只要這些就夠了。」

金芒趴在地板上，用紅筆在我想要的商品上認真地畫上了圈圈，看了看又對我說：「媽媽，妳可以再選一些的！」女兒超級大方，儼然百萬富翁一般，卻沒有居高臨下的態度，讓已經入戲的我感覺到了皇太后般的待遇。

於是，我又貪心了一點，選完後，小心地問：「媽媽是不是要太多了？妳的錢夠不夠呀？」

「夠！我買東西給妳，長大了我還會給妳五百塊錢呢！」她伸出手臂，「五百塊錢」四個字拖得長長的，還用兩隻手畫了一個大大的圈，那裡面是她未來無盡的財富，取之不盡，用之不竭啊！

「能想著媽媽，還買這麼多好東西給我，媽媽太高興了！」我把女兒抱起來狠狠親了一下。我相信，這一切都是未來的預演，在孩子的心中埋下什麼種子，就能開出什麼花朵來。

「爸爸，你也來挑一些東西吧！」讓媽媽滿意後，金芒開始孝敬她老爸去了。

貼心小語

孩子對父母的小小善舉，我們都要精心地呵護，因為這在未來會變成孝敬的成果。有些父母在孩子最初對自己表現孝敬之舉時，都說：「爸爸媽媽不需要，你自己用就好了！」這樣的父母以為自己很「無私」，屢屢拒絕孩子關心自己的行為，久而久之，一個只關心自己需求的孩子就產生了。因此，保護孩子對自己的關心，甚至引導孩子關心自己，這並不是「自私」，而是為了培養一個會對外關懷的孩子，培養關懷別人需求的習慣。這樣，孩子長大了，才能關心父母長輩的需求、關懷班上同學和老師的需求、關懷社會更多人的需求，為了別人的需求去增加自己的知識和本領，才能成大器。

孩子的詩情畫意

「媽媽，我中午在幼稚園睡覺的時候一直在哭。」
「為什麼呀？」
「我想著妳死的事情……」
——因為我身體不太舒服，最近拿了一些中藥。
「女兒，這麼冷妳拿著扇子做什麼？」
「媽媽，我要幫花涼快涼快！」
——平時怕熱的金芒站在和她差不多高的植物前不停地搧著風。
「媽媽，妳好胖啊！」
我嗓子裡拉長了「哦？」的音，心想：哼，妳哪壺不開提哪壺！
金芒沒注意到我臉色和聲音的變化，說：「因為我的影子在妳的影子裡！」
——金芒指著路燈映出的我們的影子說。

貼心小語

孩子童言無忌，充滿了真實、愛心和詩情畫意。誰說育兒的路上充滿了操勞和面對孩子吃喝拉撒的無聊？只要細心體驗，孩子每天都會帶給我們無數的快樂！

孩子的世界

「媽媽，送妳禮物！」

基本上每天我接金芒放學的時候，小傢伙都會鄭重其事地饋贈我禮物。攤開她的小手，總會有一些彩色的碎紙、閃閃發光的亮片以及小珠子等物品。她每天堅持不懈地在幼稚園的操場上收集這些寶貝，並且在我接她的時候送給我。

我每次都很感謝地接過來，很感謝她提醒我，我小時候眼睛中的世界也如這般美好……偶然就可以撿到「珠寶」——馬路上被太陽反射得閃閃發光的物體，小紙片上一個精美的圖案，常常讓我嘆為觀止，半天無法動彈，那時，一塊普通玻璃和一塊鑽石在我的眼中沒有區別。

這個世界到處充滿了驚喜和美麗，我會為了捉到一塊漂亮顏色的紙片而隨著風兒奔跑；也會思考一泡撒在地上的尿像小狗多一些，還是像大象多一些；小土丘裡的小蟲子，也會讓我趴在地上觀察半天。當我聞到像糞的發酵味，裡面還含著一種鹹鹹的感覺時，我知道，北邊那條水溝的杏花開了，天色尚早，「採花」就成了我的重要工作，那時候，我可從來沒有為了折花踏草內疚過，因為我知道自己擁的只是大海裡的一滴水，那是取之不盡、用之不竭的大山。

那是多麼富裕、豐富、充滿驚喜的世界啊！那時候，我知道哪裡有桑葚，哪裡有果子，哪裡的魚兒最多，哪裡有神祕的山洞……我與家鄉的花朵、石頭和樹都保持著我自己知道的神祕連結。

現在，我從女兒的眼睛裡，又看到了那個生動的世界。

「珠珠太小了，媽媽弄丟了怎麼辦啊？」捏著小米粒一樣大的禮物，我擔心地問道。

「沒關係，媽媽，丟了就丟了吧，我明天再撿別的給妳！」金芒蹦蹦跳跳跑到前面去了。

馬路邊，一對母女低頭尋找著寶貝。

貼心小語

孩子會帶領我們重新走一遍人生，去撿拾我們記憶中的美好。幼兒通常較注重細節，觀察得仔細，由於他們賦予一切物品生命，因此更容易體驗美好和神祕的感受。而當成年人越來越注重事物「實用性」的時候，視角就會變得越來越功利，對事物缺乏基本的尊重，同時也會喪失很多美好的感受。

金芒走失

幼稚園放學後，我帶金芒去夜市買甜甜圈。我兩個肩膀背著我自己的包和金芒的書包，一手拿著雨傘，賣甜甜圈的老闆夾甜甜圈時讓我撐一下塑膠袋，於是，我的雙手都被占滿了，等我付了錢，本來走在我前面不遠的金芒卻不見了！

剛才，我看她朝著回家的方向走，於是我趕快一路小跑往前追趕，可是途中完全沒有見到她的身影。

要知道，這可是夜市，人非常多，馬路上又車來車往的，要是這孩子……我穩定穩定情緒，深吸一口氣，暗叫千萬別自己嚇自己，或許她跑到同學樂樂家去了，以前我們買了東西，她喜歡去她家送一些好吃的，於是我一路狂奔到樂樂家，可是也沒有。

這下我呆住了，各種可怕的情景陸續浮現在腦海：馬路、壞人、她自己找不到媽媽的焦急……我趕快返回原路，開始跟路邊攤老闆打聽，可是都說沒看到金芒。情急之下，我趕緊撥通身邊朋友們的電話，讓他們都過來幫忙找。

我繼續往回找，四周的場景在我眼前旋轉，熙熙攘攘的人群令我頭暈，但……哪裡有金芒的影子？

心裡忽然生出一念：一個不小心，女兒就可能從我的生命中消失……

正在焦急萬分的時候，同一社區的小福媽媽抱著小福從幼稚園回來，一看到我就問：「妳在找金芒嗎？她在××超市門口呢！」

我聽了來不及道謝，就趕快往××超市跑，這是和我找的完全相反的方向，上帝保佑，終於在門口看到了站在樹下一動也不動的金芒。

我走過去，站在那裡看了她很久都沒說話，憋了好半天才說出一句：「妳嚇死我了！」

金芒聽我這麼一說，眼淚一下子出來：「我不是在這裡等妳嗎？」

回家路上，我沒說什麼話，只是緊緊牽著她的手，一直試圖平息自己的情緒。

本來想對她講的「不能和媽媽分開」的重要性一個字都說不出來，失去孩子的恐懼驚魂未散，脆弱一下子襲擊了我，伴隨著眼淚只說出一句話：「妳要是走丟了，以後我們就不能見面了！」金芒也乖乖而沉默地跟著我，沒向我提出平時要玩水要吃東西等任何要求。

回到社區，我沒有像往常一樣帶金芒去親子閱讀館看故事書，這時，身體忽然感到萬分疲倦，我才發現汗已經把衣褲都浸透了，只想回家洗個澡睡一覺。

等穩定好自己的情緒，我鄭重跟金芒溝通，先是肯定了金芒做得好的地方：知道要原地等待不亂跑，又對她講如何預防走失和萬一走失的應對辦法，直到她能自己說出這些方法和背出我和她爸爸的電話號碼來，我才安心地沉沉睡去……。

貼心小語

孩子是小嬰兒的時候，總是寸步不離地待在父母身邊。最不安全的就是幼稚園階段，孩子缺乏安全意識，還喜歡跑來跑去，在人潮擁擠的地方，一個不小心，就可能與孩子分散。因此，一定要提前讓孩子上好這堂安全課，讓孩子牢記住家地址和父母的電話號碼，並告訴他萬一出現這種情況，比如在常見的超市、遊樂場等地方，該如何求助。如果想讓孩子有更直觀的經驗，可以在家裡玩這樣的遊戲，看孩子的反應。對於這樣的情境熟悉了，萬一孩子遇到類似的情況，也知道如何反應。風險和危機並不是小心一點就一定沒有，關鍵是學會如何應對。

黑暗中的天使

深秋，氣象臺又發布了預警，新生成的颱風馬上就要到來了。社區裡的人們全都驚慌起來，馬上積極投入到颱風的備戰工作之中。因為我們社區的窗戶比較舊，把手總是無法發揮作用，一旦風吹雨打的天氣來臨，社區裡的人們都會緊張起來。

金芒爸爸出差，我和女兒留在家中。我不停吩咐女兒去收拾好自己的東西，以免颱風造成不必要的損失。「這該死的颱風。」我一邊忙碌，一邊抽空咒罵兩句。

這個時候，女兒卻站在旁邊小聲地說：「可是我喜歡颱風，媽媽。」

聽到女兒的話，我感到十分不解。颱風在大家的印象中一直都是一個可怕的惡魔，只要它一來，社區裡的居民都緊張得不得了。如果我們是身在金芒的爺爺奶奶的鄉下老家，這樣的天氣恐怕還會吹倒房屋、破壞莊稼，讓農民一年的忙碌變得顆粒無收。我從來沒有聽誰說過自己喜歡颱風，女兒怎麼會說出這種莫名其妙的話。

不過，女兒還這麼小，我不可能因為她講這句話就責怪她。我把女兒拉到身邊，小聲問她：「寶貝，能告訴我妳為什麼喜歡颱風嗎？」

小金芒的臉上展現出一片從未見過的神采：「媽媽，上次颱風來的時候，停電了。」

我依舊不理解女兒的意思：「對，停電了，然後呢？」

女兒說：「我們點蠟燭了。」

「是的，點蠟燭了，然後呢？」

女兒終於鼓起勇氣說：「我拿著點著的蠟燭在房間中走來走去，然後妳說我像一個天使。」

我一下子回憶起那個瞬間，趕快放下手中的雜事，緊緊把女兒抱在懷裡，輕輕吻著女兒的臉，對女兒說：「寶貝，妳永遠都是媽媽心中的天使。」

貼心小語

當孩子說出自己的想法時，不管與父母的有多麼不同，我們都不要先入為主地批評和指責，而是先聽聽她的原因。否則，就會和孩子的心越離越遠。

第三章　透過孩子言行，發現內在自己

孩子的東西，家長無權分享給別人

有朋友帶著寶寶來我家玩，因為寶寶年紀很小，腳一落地就朝著金芒的那些玩具飛奔而去，五歲的金芒立即衝上去搶奪，搞得這個寶寶和朋友都有點不高興了。

我知道自家小寶的脾氣，她到別人家，未經過主人的允許一般不會隨便動人家的東西；在自己家，如果由她來分玩具，她是會將一些玩具給小寶寶玩的，於是我大聲說：「讓她來分、讓她來分！」但是朋友和她的孩子以及金芒都糾纏在給與不給的爭奪、勸解中，我的建議大家聽不進去。過沒多久，朋友的老公來找她，她們就走了。後來，聽說朋友回家後還在抱怨金芒不給玩具玩的事，大概有點生氣了。

曾經有一次，為了鞏固金芒和其他小朋友的友誼，我邀請同在一個社區的孩子來家裡玩，那男孩到我家後對一個小汽車愛不釋手，最後他媽媽來帶他回去時，他也捨不得放下，我看了就大方地說：「拿去吧，送你了！」

金芒在一旁不高興，我一邊訓斥她應該大方，一邊安慰那個男孩的媽媽：「沒關係啦！玩具也不貴。」但是後來我卻發現，金芒不再邀請小朋友來家裡玩了，理由竟是：「小朋友到家裡來會拿走我的東西！」

聽了孩子的話我忽然醒悟。當時追根溯源還是因為自己的面子，或者害怕別的家長認為自己養了一個自私的孩子，所以自作主張，忽略了孩子的感受，在沒有經過孩子允許的情況下就把屬於她的玩具送給了別人，她不同意還訓斥她「應該如何如何」，本意上是為了讓孩子有更好的人際關係，實際上卻阻礙了孩子與其他小朋友的社交。

從那以後，我會很尊重孩子的意願，如果她不願意拿她的東西給別人，我絕不強迫，也絕不打擊孩子，不會說她「小氣」、「吝嗇」等，但我發現，如果我對她說：「妳如果願意和其他小朋友分享玩具的話，大家會很喜歡跟妳一起玩的。」她就會很高興地將玩具分給別人，她一般不會辜負人家對她的尊重的。

同樣，到了別人家，她也會等待小主人把心儀的玩具分給她玩。在離開的時候，她也絕不會拿著人家的東西不放手，因為她已經很清楚地知道，哪些東西屬於自己，哪些東西屬於別人。

對於小寶寶來說，因為他們還分不清「自己的」和「他人的」，也沒有很好地建立「借與還」的概念，因此，會出現直接拿走別人玩具的情況，這時候金芒會焦急，我一般會趴在她耳邊說：「他只是玩一下，走的時候會還給妳的！」來降低她的焦慮情緒。

通常走的時候，寶寶的家長也不會允許寶寶將別人的玩具拿走。即使如此，金芒還是對未經過她允許就碰她的東西的行為非常生氣。這時候，我不管別的家長怎麼看，都會走過去，盡量溫和地對那孩子說：「你要玩金芒的玩具可以，但要先得到金芒的允許呀！」

過去我也擔心自己這樣做，對方家長認為我小題大做，不夠大方，偏袒自己的孩子，對客人不夠熱情等等，但是發覺自己這樣只是「自私」地考慮自己的惡果後，就覺得必須要為自己的孩子和他人的孩子負責。

我這樣做，是在教對方的孩子學會尊重別人，也是在幫助他們。我不是只關心自己的孩子，換做是其他孩子發生這類問題，我也會這樣做。

家長們強迫分享，其實就和我過去的心態一樣，很多時候是怕自己沒面子，怕被人說自己寵孩子，孩子被自己養得自私自利，而少有人站在孩子的角度看問題、進入孩子的世界去思考問題。

有一次我去聽一個老師的講座，在講座開始前，老師就已經到了，現場坐著一個媽媽帶著一個兩歲左右的孩子，孩子正在吃著餅乾。老師閒著無聊便蹲下來和孩子說話，孩子媽媽馬上說：「我們把餅乾給老師一半，好不好？」正吃得津津有味的孩子聽到媽媽的指令後，慌忙把餅乾握得更緊了，並且眼神中對這個陌生的老師充滿了提防。老師笑著說：「沒關係，沒關係！」這個媽媽尷尬地說：「這孩子就是小氣，有了好吃的就不放手！我都和她商量了，她還不願意！」

這個媽媽言外之意，認為這樣就叫做和孩子「商量」了——沒有強迫孩子，就是很尊重孩子，孩子就應該給別人。身為家長的我都降下身段和你「商量」了，你還不同意，那就是你的不對了！

「商量」並不只有「同意」一個結果好嗎？人家「不同意」就不對，只能按照你的意願「同意」，這不是逼迫是什麼？我們從小被灌輸「捨己為人」的道德標準，似乎不「捨己為人」就是不夠道德。

請問各位媽媽：假設妳買了一套化妝品，用起來的感覺很好，妳很喜歡，這時候小姑來了，結果妳老公當著自己妹妹的面，和妳「商量」：「妳看妳這套化妝品很不錯啊，我妹剛好沒有，妳就給她吧！好不好？」妳當下心情如何？同意？自己不舒服、捨不得；不同意？妳老公和小姑都眼巴巴看著妳呢！請問尷尬不尷尬？

當然，在成人世界裡，沒有幾個老公會這麼做，但是成人卻會對孩子屢屢做出這樣的事情——例如我。

孔融讓梨的故事伴著一代又一代人長大，大家都不去考慮孔融的父母是如何培育孔融的，以致小小的他有了「捨己為人」的結果表現，而是一味從自己年幼的孩子身上要求孔融這樣的行為，且不說現在無法考證孔融這樣做是不是為了迎合父母的誇讚而違心壓抑了自己的需求，就單說這種高道德的行為，我們大人能否做到？

讓小孩子把正在吃的東西跟別人一起「分享」，就好比：

你逛了無數條街，終於買到自己心儀的東西，這時旁邊的客人拜託你讓給他，你會同意嗎？

在房價飆高的時代，你終於買到負擔得起又合自己心意的房子，如果有人也看中了你的房子，你會把這個房子讓給人家嗎？

你和一個人互相喜歡，你們正處於熱戀中，這時你的好朋友忽然說他也喜歡你的戀人，你會讓給他嗎？

父母自己都做不到的事，為何逼迫孩子去做呢？

只不過在大人的眼裡，孩子的東西微不足道，或者可以輕鬆買到，因此沒那麼大的價值——可是，這是成年人的眼光！

在孩子的世界裡，他的玩具都是具有生命的，那些都是他的好朋友，孩子在他們身上都是寄予了情感的。成年人任意將屬於孩子的玩具轉送給別人，是對孩子物主權的極大破壞，是對孩子的不尊重。

如果一個孩子沒有感受過尊重，又如何讓他學會尊重別人呢？不僅不會尊重別人，也會不懂得尊重自己，不知道如何保護自己的權利，無法理直氣壯地表達自己的需求。

在心理諮商師的攻讀過程中，我經常去參加一些心理聚會。通常大家都會以一個主題來內觀自省，以達到完善自己的目的。一次，大家在討論童年創傷時，Q同學向我們講述了他童年的血淚史。

他童年時物質還很匱乏，不像現在到處都是超商和大賣場，大家買東西都還去「柑仔店」。剛上小學的Q在柑仔店裡看到一輛罕見的玩具小卡車，非常喜歡。為了得到這輛小卡車，Q開始將零用錢一點點地存起來，還不時到柑仔店看看小卡車是否還在，生怕自己的錢存夠前就被人買走。因為那時候家裡也不寬裕，所以他也不敢和家長提出購買請求。

經過一段煎熬的時光，和他很親近的爺爺知道了他的心事，終於幫他湊夠了能買小卡車的錢。他歡天喜地地把愛慕已久的小卡車買回家，整天摟在被窩裡睡覺，只要有時間，就會拿出來把玩。

一天，表叔帶著他家的小孩來拜訪，因為是從外地遠道而來，他們一家人都熱情招待，弟弟在和他玩的時候，發現了他的小卡車，當下也是愛不釋手。

表叔和弟弟住了兩晚就要回去了，可是臨走時，弟弟還是拿著他的小卡車不放手，這時候爸爸走過來對弟弟大方地說：「喜歡就拿去吧！」似乎這是一個稀鬆平常的物件。

他當時就不開心了，大聲說道：「這是我的小車車，我不想給！」

這時候，表叔也過來了，媽媽也過來了，爸爸當著這些人的面，用手指著他的鼻子說：「你還是哥哥呢！給弟弟一個玩具怎麼了？有你這樣當哥哥的嗎？」

他一下子就哭了，爸爸這樣說，好像自己理虧似的，但是內心非常委屈。

表叔趕快過來打圓場，斥責自己的孩子：「那是哥哥的東西，你不能亂拿。」

不料爸爸卻更大聲了，有一種他不給小卡車誓不罷休的樣子：「你們都別管，我看他給不給，你弟弟好不容易來我們家一趟，喜歡你這個玩具，送給他不行嗎？哪有哥哥怎麼自私的！」接著又開始罵媽媽：「妳看看，誰叫妳平常這麼寵他，他才變這麼小氣……」

一時間，負面情緒迅速蔓延，年幼的他不想讓媽媽也被捲入進來，近似絕望地說：

「那就給他吧……」

小弟弟也不敢接了，表叔也推辭不要，爸爸卻一定要他們帶走，彷彿不帶走就不給他面子似的。這時候表叔從口袋裡掏出一千塊錢，硬塞到Q的手裡，略帶歉意地說：

「叔叔這次來，也不知道你喜歡什麼，所以沒有準備，這一千塊錢你拿著，喜歡什麼就去買！」

他此時已是萬念俱灰，因為小卡車只有一輛，那就是他的心肝寶貝……別說已經無處可買，就算買到了，也不是他的那一輛啊！

表叔帶著弟弟走了，他還坐在床上哭，沒有下床去送客人，爸爸示意他要懂禮貌，可是他就是不肯去送。

等爸爸送客人回來，對他不懂得送客的行為表現又是一頓轟炸，眼角餘光瞄到表叔送的一千塊，便譏笑道：「這些錢起碼能買四五個那破玩具了吧？」

即便柑仔店還有小卡車，但是花再多錢也換不回他失去的那輛了，又有什麼意義呢？

從那之後，他特別討厭這個弟弟，一直對他沒有好感，也不願意和表叔一家往來。二十多年過去了，Q還無法釋懷，他說：「我從小在人際交往上，一直不敢提出自己的需求，不敢去向別人求助，都是源於這件事情。這件事情給了我一個深切的信念：就是遇到衝突，我必須犧牲自己，而且還不能有任何怨言。否則，我就是個壞人。」

懂得分享固然很重要，有捨才有得，這對孩子未來的社交很有幫助。但是，捨的前提是孩子願意，而不是被大人強迫或者逼迫。被迫分享之後，孩子會對「分享」這件事恐懼和排斥，將來更不願意分享。

不當的方式，只會讓事實背離我們的初衷越來越遠。不想要這樣的果，千萬別種這樣的因。

貼心小語

孩子有自己身體的邊界、想法的邊界和物主權的邊界，保護和尊重孩子的邊界，可以幫助他清楚地形成自我和他人的邊界認知，從而保護自己的邊界和尊重他人的邊界。邊界意識能讓孩子知道哪些是自己能控制的，哪些是自己不能控制的，當健康的邊界意識形成，面對問題時就知道自己的控制能力範圍。如果家長隨意侵入孩子的邊界，孩子未來就會缺乏健康的邊界感，可能不會拒絕別人，或者無法向別人提出合理的請求。

你喜歡的人裡面，有自己嗎？

和很多媽媽一樣，我曾經假裝不經意，但又滿懷自戀的期待問她：「金芒，妳最喜歡的人是誰呀？」

她有一次回答我：「白雪公主、聖誕老公公、媽媽、我自己，還有嬸嬸，還有……」

當她提到「自己」的時候，我忽然發現一個問題，我怎麼就從來沒有想過最愛的人還可以有自己呢？

是啊，從小到大，我在自己生活的圈子裡一直努力證明自己很優秀，確實也有一些成績，比如第一名的成績，國語文競賽拿過第一，徵文比賽、寫的劇本也得過獎……但是，似乎滿足是一瞬間的事情，這些都不會令我興奮太久，達到這個目標，就馬上再追求另一個目標。開始工作之後，這種慣性更是令我竭盡所能地奮鬥……我一直在追求什麼？追求著「我很優秀」？

但是內心喜歡的人怎麼會沒有自己的影子呢？

金芒的一句提醒了我，令我陷入了沉思。

有一天，金芒戴上一對兔耳朵造型的髮夾時，她一邊照著鏡子一邊說：「我要戴這個上幼稚園，小朋友們一定會說我是小白兔美女的！」看著她喜滋滋的樣子，我忽然腦海裡閃現一個場景：我變成了金芒，而我的媽媽對這個正興奮地欣賞自己的小女孩撇著嘴說：「居然自己說自己是美女，不要臉！」

這句話已經在我心裡浮現了，還沒升到喉嚨形成語言的時候，被我察覺到了，我趕緊阻止自己。

我模糊地想起來，自己小時候也曾這樣欣賞自己，可是當我們喜歡自己、自己愛自己的時候，經常會受到大人或者權威的恥笑甚至羞辱，以致我們從那樣一個欣賞自己的人，變成了貶低自己、責罵自己、怪罪自己、懲罰自己的成年人。

色厲內荏，在光鮮強大的外表裡，躲著一個怯懦的小女孩，我感受到了自己的真實狀態。因為總覺得自己不夠好，因此一定要處處表現好，希望能博得他人的注意和欣賞，但是當一個目標達成時，卻沒有太多的喜悅，沒有他人慶祝，只是暗暗鬆了一口氣，就像一個溺水的人終於能浮出水面呼吸一口氣，然後又沉下去……直到懷孕，我終於結束這種循環，不再向外生活，而是走向自己的內心。

我終於發現自己內心有個黑洞，那個黑洞是為了得到認同和欣賞，不斷驅使我要表現好，這個黑洞像隻吸血鬼，總是不滿足，是牠操縱了我！

為了表現得像個「好人」、「隨和的人」，我通常不主動明確表達自己的需求，總試圖表現出顧全大局和無欲無求的樣子，不敢為自己爭取利益，總是為別人犧牲自己，不敢拒絕別人……。

小孩子缺乏自我認知，是藉由父母對她的態度來看待自己的，長大後就會繼續以父母看待自己的方式來看待自己。如果原生家庭的父母一次次否定和貶低孩子，孩子就會漸漸覺得自己是真的不夠好，長大後不用別人評價，腦中自然就有一個對自己挑三揀四的聲音，這聲音時常跳出來給自己負面的評價。

就這樣，就算未來離開了父母，那影響卻是終身的。

那些負面的自我評價，讓自己很殘缺，覺得自己不配得到某些東西，甚至拒絕了更大的自由和更美好的生活。

有什麼比否定自己、不相信自己更可悲的呢？

有什麼比相信自己、熱愛自己更有價值的呢？

相信自己，熱愛自己，就能發揮我們最大的潛能，過上我們想要過的生活，活出我們想要的樣子。可是這個相信自己、熱愛自己的信念是怎麼被斬斷的呢？

「這個顏色有什麼好看的，我們還是買那個顏色的玩具吧！」

「不行，這個有營養，你必須吃它！」

「只吃這一點點怎麼會飽呢？你必須再吃一些！」

「男兒有淚不輕彈！你是男生，不許哭！要忍耐！」

「整天就知道吃！」

「哪有女孩子像妳這樣蹦蹦跳跳的？文靜點好不好？」

「拿你的東西怎麼了？你的東西還不都是我買的！」

……

以上都是語言暴力。

是啊！我們就這樣失去了自己的感覺，失去了自己的判斷，也失去了相信自己的能力，更不要說愛自己。於是，長大後，我們可能瞻前顧後、優柔寡斷，我們盲從權威、上司和他人，我們不知道自己是誰，我們也不知道該往哪裡去。

這些就是小時候的心理基礎沒有打好造成的。成年人的重生，要克服多少根深蒂固的障礙啊！就像那個從小被一根細繩子綁住的小象，由於掙脫時弄得傷痕累累，最終建立了堅固的信念：我是無法掙脫繩索的。即便是長大後，牠的力量完全可以掙脫昔日的繩索，但是信念早讓牠放棄了這種努力。

所以說，我們還有救！

得以解脫的方式之一，就是在撫養孩子的過程中，尊重他的天性和選擇，放手讓他去做他想做的事情，不對孩子強加、侵犯和羞辱，在安全的界限（這個界限被某些家長規範得令人窒息）裡，協助孩子活出他自己。

如果我們能幫助別人活出自己，有能力成為這樣的生命教練，我們是不是也就得救了呢？

貼心小語

我們對孩子的教養方式很大程度上會延續父母對我們的教養方式，要想自我成長，需要注意自己對孩子的言行，想一想，自己還是小孩子的時候，如果父母對自己這麼說話，自己會是什麼感受呢？

健康的自戀從哪裡來

捷運裡，有個三歲的男孩站在車廂中間，拿著一根小鐵棒敲擊著車廂裡的鐵柱，叮噹噹的聲音引起身邊一個高大胖男人的不滿：「小朋友，別敲了！」

「我就要敲！」這個男孩揚起頭，完全沒把這個高大又看上去很凶悍的男人放在心上。

我笑著把座位讓給我很欣賞的這個小傢伙，以防他總敲那根鐵柱影響別人，順便和他媽媽閒聊起來。這個媽媽對我說，他在幼稚園裡上了幾天就不想上了，說再也不去那個討厭的地方了；接他回家的時候，孩子一定要媽媽在大街上多騎幾圈，說太委屈了要散散心。

原來，現在他們母子正在搭捷運遊玩呢。我透過未關閉的車門看小男孩下了車，一頭躺在捷運月臺的椅子上。我又笑了，在這個天地裡，小男孩就是王，世界唯我獨尊，我想幹嘛就幹嘛，愛怎麼樣怎麼樣。

一個人的成長，必須要經過如此充分的「我就是整個宇宙」階段，奠定了堅實的自愛基礎之後，再慢慢去修正這個觀念——哦，原來我是我，他人是他人，宇宙是宇宙。

但是我們大多數人的成長，最美好的自戀往往在形成前就被父母摧毀了，孩子很小就知道：我是沒有力量的，我是弱小的，我是需要被保護的，我什麼都不是。

一個人只有先完成充分自戀，接著意識到「我並非整個世界的中心」之後，才能變得客觀。但同時，「我是整個世界的中心」的基礎信念又暗藏在潛意識深處，當這兩個信念不再衝突，能同時接納和包容之後，這個人就能很好地立足於這個世界，找到自己的位置，活出自己精彩的人生。

晚上睡覺前，我都會讓金芒往手上和身體上擦潤膚乳液。潤膚乳液既有滋潤功效，還可以消除肌肉疲勞。有一次，我在洗手間洗漱，金芒已經上床，但弄半天打不開她用的那瓶潤膚乳液的蓋子，我就喊了一聲：「要不然……妳用我那罐乳液吧！」

「妳那個不是消除痠痛的嗎?我又不痠！」我和金芒爸爸同時笑出聲來，對別人的意見不那麼輕易盲從，這確實是個很需要小心保護的東西。

有一次，十五公斤重的小金芒用全身的力氣提著一個兩公斤重的新飲料桶，飲料桶有她三分之一的體型大，像一隻螞蟻往洞裡拖大蟲子一樣。她想親自把它放到餐桌上然後打開喝，堅決不讓別人幫忙。於是她舉步維艱地往前努力行走，一副猴急的模樣。我就這樣在一旁看著這個等不及喝的小傢伙，忽然，她被重重的飲料桶絆倒了，看了半天她滑稽的樣子，我忍不住笑了起來。

金芒爬起來瞪了我一眼，嚴肅地說：「跌倒有什麼好笑的?」之後繼續拖那個沉重的飲料桶。

忽然之間，我為她如此尊重和保護自己的失誤而心生敬意，並且有些慚愧。很多次替金芒放洗澡水的時候，我們總是有這樣的對話：

「媽媽，水太熱了！」

「不熱啊，我還覺得溫溫的呢！」

「那是妳覺得，不是我覺得。」

哦，你是你，我是我，我的感受不能替代對方的感受，不能拿自己去度量別人，為什麼我一而再、再而三地犯這種錯誤呢？

時常覺得孩子是在教育我，提醒我那簡陋的思考面向和沒有完善的人格。

無論我怎樣努力，都不可能做到完美，教育永遠是令人感到遺憾的事情。而我的女兒未來對於她自己的孩子，還需要繼續走我這樣的路，這或許也曾經是我母親的體會吧！

貼心小語

自戀是自信的基礎。在生命的早期，家長對孩子無微不至的關懷會讓孩子產生一種「無所不能」的全能感，這也是孩子獲得對這個世界安全感、信任感的基礎。心理學上將嬰兒的這種「無所不能」的狀態稱之為「原始自戀」。原始自戀是健康自戀的雛形，也是成年後人際安全感、自信、自尊、自愛的基礎。當孩子慢慢長大，會發現除了「自己」之外，還有一個更豐富、並且自己不可能掌握的「別人和世界」，在現實生活中的各種合適的挫折中逐漸明白每個人的能力都是有限的、這個世界也是不完美的。即便這樣，每個人都是有價值的和可愛的，在這個過程中慢慢形成真正的自我價值和自我欣賞，心理學上把這種自我價值和自我欣賞稱之為「繼發自戀」，一個人只有完成這個心理發育發展過程，才能完成健康的自戀，在後續的生活中才可能獲得充分的自尊、自愛與自信。

孩子的孝心無需培養，只需維護

快要睡覺了，金芒「哦」的一聲，像是忽然想起什麼事情，然後就急急翻找她的書包。當她打開鉛筆盒，立刻像發現寶貝似地驚喜起來。

她一邊向正納悶的我走來，一邊費力地往筆袋裡掏啊掏，哦，原來是一顆、兩顆、三顆、四顆瓜子。

她的小手要抓著這四顆瓜子已經很有難度了，她一邊費力地控制著瓜子不從自己的指縫裡溜掉，一邊著急地表達：「媽媽，這是我在幼稚園裡因為第一個回答問題，老師給我的獎勵。我都捨不得吃，特地留給妳的。」

「媽媽真的太感動了，謝謝妳一直想著媽媽！」我高興地張開手接受孩子「從牙縫裡省下」的禮物。

她鄭重其事地在我手裡放兩顆後，看著剩下的兩顆猶豫了一下：「媽媽，我自己也想吃呢！」

「寶貝，我們也留一顆給爸爸吧？」老公平時因為工作，和孩子相處的時間少，但也是為家做出了貢獻，不能忽略他呀！

「好吧！」雖然她說好，但是不久就不敵貪吃蟲的誘惑，不知道什麼時候把留給爸爸的瓜子也偷偷吃掉了。

我可不能讓這可貴的孝心前功盡棄，為了及時抓住成果，我趕快把手裡的兩顆瓜子扔進嘴巴裡，品味了良久才嚥下。

孩子用自己的努力賺來的「果實」，想著帶回家和媽媽一起分享，這是多麼難能可貴的愛啊！那四顆瓜子，我像珍珠一樣愛惜，那就是我的孩子的孝心，她已經懂得了克制自己（雖然留給爸爸的沒有克制住，但是能有這樣的想法已經很難得了）去奉獻別人，這是多麼美好的萌芽。

我很理解小孩子在難以克制的「口欲」與奉獻別人之間的苦惱，對於三四歲的孩子來說，他們把自己「好吃的」奉獻給別人，這種慷慨不亞於一個窮人把自己有限的財產白送一半給他人。

記得小時候大姑姑第一次來我家的時候，雖然是第一次見面，但我卻感覺到了濃濃的親情，打從心裡愛她。小小的我沒有什麼有價值的東西可以送給姑姑，為了表達自己的愛，我上山去採野果，為了尋找更大更紅的，我爬了好多山坡，手上被葉片上趴著的一種毒蟲螫好多下，又痛又癢，但是我依然很開心。捧著野果的我走在回家的路上，像個英雄一樣。本來想都留給姑姑，可是忍不住吃了一顆，又吃一顆……到家的時候，本來一大把的野果只剩下了幾顆了。

記得那次姑姑很高興，並且心疼地看著我被螫的手，她笑著吃下野果，還想盡各種辦法緩解我的難受。我的愛得到了回饋，我不在乎自己是痛還是癢，只是覺得心理上很滿足，同時為自己嘴巴的貪欲而感到愧疚和遺憾：要是全都留給姑姑就好了，自己怎麼就那麼嘴饞呢？

還有一次，我曾為一個長輩的生日精心準備了好幾個月，把那些可以買零食解饞的幾塊幾塊的零用錢存下了不少，買了兩瓶她愛吃的水果罐頭（她平時無欲無求，好不容易了解到她喜歡的東西）。吃過晚飯，我滿懷著成就感，帶著驕傲、興奮和羞澀去奉獻我的禮物，她雖然也是高興地接下了，但在我臨走時，她卻硬塞給我一百塊，是那種不容拒絕的硬塞，一百塊稍微超出我那兩個罐頭的價格。回家的路上，我心灰意冷，幾個月的一點一滴的準備，一次次克制自己的那些衝動，那背後想表達的深深的愛，被更多的金錢阻擋了。

其實，我只想藉由這兩個水果罐頭來表達我對她的愛，她能愉快地接受，就是對我最大的饋贈。

也許對她而言，她也在表達愛，但是當下的返還，並且用金錢的形式，我總有一種情感被褻瀆的感覺。

後來，我忘記了她的生日。

想起童年時的一個週末，爸爸把他的新西裝扔在洗衣盆裡。從來沒有幫大人洗過衣服的我突發奇想：我可以幫他洗衣服啊！爸爸回來一定很高興！但是該用什麼水呢？這把我難住了。

那時候沒有智慧型手機可以立刻查詢知識，我苦思冥想好久，一個念頭閃現出來：如果用熱水壺裡的開水來洗，一定能把衣服裡的細菌都燙死！這樣爸爸的衣服就沒有細菌了。

爸媽回來的時候，媽媽首先發現了我的「傑作」，大發雷霆：「新衣服都被妳燙壞了！以後不該做的不要做！」而爸爸只是淡淡地說：「沒事，以後記得洗衣服不要用開水。」我直到現在都還很感謝我的爸爸，他維護了我愛別人的能力。當然，也感激我的媽媽，她教會了我更多：對事情的結果生氣是於事無補的，傷人傷己，凡事都應該先問問過程，在過程中了解孩子的想法，再對其進行相應的引導，這才是對孩子有利的。

我相信每個孩子天生都對父母、祖輩懷有原始的愛。孝心不是後天培養的，孩子原本就有，父母只需維護住孩子的孝心就好了。可是，很多父母並不懂得去維護，而是刻意地去培養，去強求孩子的孝心。更多的父母會忽略孩子的孝心，阻隔孩子的孝心，甚至會打擊孩子的孝心，更可怕的是，有的還會侮辱孩子的孝心。

當你生氣時，孩子走到你的身邊拉拉你的衣角，其實那就是孩子的愛；當你流淚時，孩子用笨拙的小手替你擦眼淚，其實那就是孩子的愛；孩子主動要求你「抱抱」，其實那就是孩子的愛。

「走開！」

「別煩我！」

父母可能會這樣對待孩子。

即便如此，孩子還是會堅持再一次對父母表達自己的愛，一次又一次。

直到孩子的愛被忽略太多次了，直到孩子的愛被阻隔太多次了，直到孩子的愛被傷害太多次了……他們累了、煩了，於是他們不再付出了。

孩子美好的、天生的孝心，就這樣一次次、一次次地被我們自己親手葬送了。等孩子長大了，不願再理睬自己，才哭喊著孩子不孝順，說自己生了一個不懂知恩圖報的孩子。

當一個孩子主動去關心媽媽，就是愛媽媽，只有維護了孩子主動關心別人的想法，孩子將來才有可能由此及彼，去愛更多的人，內心對別人有愛的孩子才會是幸福的。因此，欣然接受孩子的關心，就是在維護孩子愛的能力。

晚上陪金芒入睡的時候，我再次對此事進行整理，以達到強化鼓勵孩子的作用：「寶貝，今天妳在幼稚園因為表現好，得到了幾顆瓜子做獎勵，妳帶回家給爸爸媽媽吃，是想讓我們一起分享妳的快樂吧？」

「嗯！」金芒愉快地說。

「希望妳以後還能用自己的努力得到獎勵，讓爸爸媽媽一起分享妳的快樂哦！」

一天中午，十歲的金芒從才藝班畫國畫回來，一進門就大叫：「我要修改結局！」正當我丈二金剛摸不著頭腦時，她攤開手露出三顆瓜子，說這是老師獎勵的。我忽然想到她曾翻過我寫的專欄文章，還把她得瓜子並和我們分享的那篇故事從雜誌上裁剪並收藏了起來。這次，她特地等爸爸回家，鄭重地把三顆瓜子平分給每人。

貼心小語

如果你覺得孩子不太關心你，可以反思一下自己是否對於孩子平時關心我們這件事沒有積極的回應和鼓勵？即便如此，依然有挽救的辦法，你可以從當下開始引導孩子來關心我們，比如讓他猜猜我們喜歡吃的食物是什麼、喜歡的顏色是什麼等等，先讓孩子了解我們的喜好，進而了解我們的需求。千萬別覺得這是自私的行為，如果孩子連父母都不關心，未來還會去關心其他人嗎？我們這樣做，恰是在教會他如何去愛。當然，父母本身的「身教」也很重要，我們做好示範和榜樣更有說服力。

固執？其實是我們不懂孩子

幾天前與金芒從朋友家離開，我們搭乘一輛老爺爺開的小計程車，這輛計程車只有後座可以坐人，右邊開著窗，左邊關著。

金芒匆忙爬上去坐在了開窗的那邊。由於另一扇車窗關著，且與駕駛座同邊，感覺比較安全，我叫金芒換個位置。再說了，她占著上車處這邊的座位，我也過不去啊！馬路上車子多，從另一邊上去也很危險。

可是她打死都不願意，硬要讓我越過她坐到裡面去。計程車的車頂很低，空間又狹小，我很難過去，我們兩個僵持在那裡很長時間。

因為不想讓老人家一直等我們，我不耐煩地硬擠上來，把她擠到靠左的座位上，等我把裙子弄進車裡後，立刻關上了門。

一路上，她還一直鬧著要我跟她換，我把能說的全說了一遍，可是她還是堅持。當然，我也沒退讓。

下車回家，她還在生氣，一直走在我的前面，即使半路遇見了她的同學，她也氣鼓鼓地沒打招呼，嘴裡一直說著：「等我回家告訴爸爸！」

果然，一到家，她就衝進爸爸的懷抱，不太流暢地表達對我的不滿，因為還小，也沒聽她說出個所以然來，她爸爸笑著聽著，也沒做什麼對錯的判斷。

過一會兒，她要看卡通了，這下她得主動求我幫助她了。

「妳不生氣啦？」我故意問她。

她說：「我把這件事忘了，媽媽幫我播卡通吧！」

剛才鑽牛角尖的事情不可能說忘就忘的，她不想再提了，我卻還在思索問題到底出在哪裡。

晚上幫她洗澡的時候，我忽然想起來，最近我們一直搭計程車，靠近馬路的左側車門的位置一般不會給小孩子坐，擔心萬一車門沒鎖好被孩子打開會發生危險，或是開門的時候沒有注意造成意外，所以總讓她坐中間。金芒會不會因為怕自己危險而堅持讓我坐左邊呢？

於是，我就問她：「寶貝，妳不願意坐到左邊，是不是怕自己有危險啊？」

「媽媽，我坐在車門邊，是想保護妳！」金芒認真地說。

原來孩子是認為正常上下車的右側更危險一點，所以想把裡面的好位置讓給我，我卻不問清楚原因，還因為她的「固執」和她生了一路的氣。不僅如此，還以小人之心度君子之腹……

慚愧啊慚愧！

貼心小語

孩子因為年齡小，思考能力不完善和語言溝通能力不足，這更需要我們家長耐心去詢問和傾聽，否則，會造成孩子很多無法言說的委屈。

廚房的「見習生」

過去，因為怕孩子被油濺到或發生碰撞，一直要她離廚房遠遠的。廚房重地，金芒不得入內！但是，後來我發現孩子對做飯很感興趣，苦於個子小看不到流理臺上發生的一切，加上大人的恐嚇，因此只能在廚房外打轉和窺探。

我覺得不應該因噎廢食，阻斷孩子對生活技能的探索熱情，否則生活能力就會和我一樣低下啊！還是要提早培養「做飯」這個興趣愛好，畢竟這是生存的基本技能。

於是，這幾個月我做晚餐的時候，一直允許金芒待在廚房，「見習」如何當廚師。

金芒站在紫色的椅子上，不時探身趴我的肩膀：「媽媽，我都看不到了！」哦，原來我把她的視線擋住，她看不到我翻炒菜的情況了。看著小傢伙焦急的樣子，我心不由得暗喜：等她碰得到流理臺了，我八成就可以吃到她親手做的飯菜了。

雖然我做菜是個徹頭徹尾的外行人，只懂得往菜裡放油、鹽、蔥花等調味料和配料，但是在四歲出頭的金芒面前，還是有得炫耀的：寶貝，看，我們得先放油……再放菜，哎呀，不要緊，放菜時都會「滋啦」一下的，可以扣上鍋蓋防止油跳出來……我愉快地和我的見習生談論著簡單到不能再簡單的「做菜」技巧，我的見習生則全神貫注、目不轉睛地謙虛學習著。

誰說我廚藝差呀，我還能教別人呢！由於金芒的謙虛學習，一向很討厭煮飯的我也來了興致——是呢！我這個老師需要提升自己的手藝，否則怎麼教徒弟呢？

為了表示對徒弟的欣賞和獎賞，我允許她為我做些打雜的事情，對她來說，最大的、最具挑戰性的工作就是「攪蛋」，我把蛋打碎後倒進小碗裡，正式地對金芒微微點頭：「妳可以開始了！」金芒便迅速地從站著的椅子上爬下來，然後把椅子努力地拖到流理臺另一邊，再爬上去，拿起我遞給她的筷子開始興奮地攪拌。

「金芒小朋友，注意，如果妳把蛋『拁』到碗外面，以後就不能做這個工作了！」我得讓她知道，允許她攪蛋是對她莫大的信任和認可。

「媽媽，我完全沒有『拁』到外面！」其實四歲孩子的小手動作能力是有限的，小碗裡如果放兩顆蛋，她攪動起來尚且不必考慮力道的問題，但是三顆蛋就會很容易攪到外面。

當她對攪拌兩顆蛋比較熟練了，我就把兩顆蛋加到三顆，小傢伙認真地做著自己的工作，果然完成得不錯。

OK，菜炒完了！我用筷子夾起來嘗嘗鹹淡——「媽媽，我也要吃！」金芒站在椅子上不開心了，是啊！不能忽略助理啊！人家也加入了工作呢！

我不急著盛菜，而是讓她聞聞香味。「怎麼樣？」

「好——香——呀！」見習生閉著眼睛，陶醉在菜香中。

看她那副樣子，我忽然覺得做飯其實也是件很有意思的事情，也可以擁有這麼多成就感。

其實，我過去很不喜歡進廚房，甚至很討厭做飯這件事。

從小時候起，我就看到做飯與女人連結在一起。男人們只管往椅子上一坐，女人們得把飯菜做好端上來，默默吃完後，馬上為男人們添菜添飯。男人們一吃完，抹抹嘴，往沙發裡一扭屁股，女人們則馬上伺候茶水，同時又要迅速地把餐具撤下來，到廚房繼續洗碗洗筷子。

從小我就察覺到：男人是主體。女人總是扮演伺候人的角色，每天在廚房裡日復一日、年復一年的做飯，地位卻不如在外賺錢的男人高。而男人如果有妻子卻還自己動手做飯，則會受到恥笑，因為「那是女人才做的事」；相反，女人到田裡和男人一起工作則被認為是理所應當。

這不公平！長大了我不要這樣！我從小就在心裡發誓，必須改變自己作為女人的命運。

而「做飯」這件事情，我從小賦予它的意義就是：低價值。

其實，出於和金芒一樣的學習本性，小時候看到媽媽做飯，也總是想嘗試一下，但總是因為做得不夠快、不夠好而被媽媽排斥在外。本來我對包餃子、做麵餅這些工作很感興趣，但是在媽媽恩准下嘗試了幾次後，就被媽媽說：「簡直是來搗蛋的！」、「去旁邊玩吧！等著吃現成的就行了。」

總是被這樣阻攔，興致闌珊的自己確實感到自己的烹飪手藝很差，而且這樣做真的給媽媽添了很多麻煩，只好悻悻離開，直到不再主動要求做飯。

與做飯這件事有關的美好記憶只有一次：我十多歲時在親戚家玩，親戚看不慣我四體不勤、五穀不分的「書呆子氣」，鼓勵我一起加入包餃子的過程，因為信心不足，我最初是不想做的，但是親戚全家都鼓勵我，且他們全家都有參與這個活動，我也不好拒絕。在大家的不斷鼓勵下，我第一次學會了擀麵皮和包餃子，那個經驗令我很愉快。

有親戚暗地責怪我媽媽不早點訓練我。但我那時候功課好，心中暗想：你們燕雀安知鴻鵠之志啊！等我考上大學，誰還稀罕做這些事情？當時只覺得考上大學、有了工作，就是很有出息了，似乎就可以不用吃飯了，或者吃飯必然是別人伺候的。

媽媽不願我做飯，還有一部分原因是出於對我的愛。媽媽在家裡是老大，從小就需要照顧弟妹，包括做飯等繁重的家事，這使她一定程度上喪失了自由玩耍的快樂，因此，她希望自己的孩子不要像她一樣為家事所累，愛玩就盡情地去玩。

另一方面，母親也希望我不要再重複她的命運，將來長大了一定要有自己的工作，有屬於自己的事業、追求。因此，她總是對我說：「妳成績好就行，其他都不用做！」我背負著她這樣的期望，也遠離象徵著她命運的事物，例如做飯和下田勞動。

於是，做飯和「低價值自我」在我幼小的心裡就產生了直接的連結。因此，在做飯等家事中，我從來沒有認真學習和期望有什麼進步，以為只要成績好，將來上了大學，就可以遠離這一切。這也是為什麼打從第一天上學，自己就可以在沒有任何人督促的情況下主動唸書的根本原因——本來就不會做什麼農事，如果成績再不好，我還有什麼理由獲得父母的愛呢？

一晃眼上了高中，又一晃眼上了大學，不是吃學生餐廳就是吃外面餐廳，自己也沒有機會實做。等畢業了，我要去大都市闖蕩，這下我媽急了：「妳連飯都不會煮，怎麼一個人生活呀？」

好在我吃了半年多的泡麵後，男朋友來幫我做飯了！他從高中起就在外面租房子，因為熱愛廚藝，所以一直自己做飯。於是，我就順理成章地繼續待在了廚房之外。

直到有了女兒，自己尚能得過且過，但總不能委屈孩子吧？既然自己全職在家，總不好還依靠老公下班回來後幫我做飯吧？

在形勢逼迫下，我只能上梁山了，苦學營養搭配，苦練廚房刀工。

其實，剛接觸做飯的工作時仍舊很牴觸，等老金收工回來，如果他對我的飯菜有一絲責怪，我就會很傷心，因為對我來說，我是克服了很大的心理障礙和對枯燥的忍耐來做這件事的，我付出了很大的心理能量。

老公因為下廚多年，對飯菜口味的要求不低。有時候他雖然很晚回來，我端上認為炒得還不錯的菜，他只吃了兩口，馬上放下碗筷，不管幾更，都要自己親自到廚房乒乒乓乓地做一道入得了金口的菜。

這樣無聲的鄙視，讓我心中那剛燃起信心的小火苗瞬間熄滅，我腦中那塊在「做飯」這個詞彙上的「低價值感」，又一次被強化。

但是，出於對女兒的愛，我終於一次次走進廚房，也在整理自己對於「做飯」這件事情一系列的感覺、信念和我人為賦予它的意義。

「做飯」本來是一件再普通不過的事情，在錯綜複雜的個人情感的作用下，硬是與「低價值」等同了起來。這樣的思維過於簡單，過於武斷，過於粗陋，但沒有察覺的時候，它卻在暗暗影響我的生活。

做飯的當下，體會清水將汙垢洗去的清爽乾淨，體會炒菜時候的劈哩啪啦，體會經由自己的烹飪而散發出來的香味，體會五顏六色的色澤搭配……最重要的是，身邊還有個認真學習的見習生。做飯，難道不是一件幸福的事情嗎？

貼心小語

當我們對某一類事物產生負面情緒的時候，要想一想這個情緒是從哪裡來的，產生的原因有哪些？是哪些感受和信念連結著這件事物？其實，這就是我們的思考框架。事物，原本都是不好不壞的客觀存在，只是我們用有限的經驗賦予了它們不同的意義。而能夠覺察到自身的局限性，就是在為自己的生命不斷鬆綁。在陪伴孩子成長的過程中，因為不論生活的哪個面向，我們都會碰觸到很多事物，因而也有很多自我反省的機會，抓住這些機會，我們就能實現自我成長。

我爸說：愛美的女孩都輕浮

忽然多了一筆意外收入，用它做什麼呢？對，先將那件放在「購物車」中很久的衣服下單，算是給自己的獎賞！

把各種衣服放在床上搭配組合，研究款式是否相符、顏色是否搭配是我莫大的樂趣，金芒也在一旁高興地評價著哪件和哪件更配，我也不懼寒冷地脫一套再換上一套，一邊照鏡子一邊問金芒：「媽媽這麼穿漂亮嗎？」

「媽媽，長大了這衣服給誰穿呀？」她無厘頭地問，顯然更關心這個話題，言語中充滿了豔羨的味道。

「當然全部給妳呀！」一邊回答她，我心裡一邊想：妳長大了還稀罕這個嗎……

當我問她：「媽媽漂亮嗎？」她在回答「漂亮」之後，馬上又問我：「媽媽，我漂亮嗎？」

當大女人和小女孩熱熱鬧鬧地互相讚美完了之後，金芒冒出一句話：「這世界上最漂亮的兩個女人就是我和媽媽！」

這顯然不夠謙虛，但是感覺還是很不錯。

想當年，我還是小孩子的時候，也這樣羨慕著媽媽的漂亮衣服，恨不得趕快長大好穿上她那些顏色各異、風情萬種的漂亮服裝。

當媽媽看出我對她服裝的羨慕，她總用這樣的話來安慰我：「妳以後的日子還長著呢！媽媽快老了，再不穿就沒機會穿啦！」

如今，看到女兒圍在我身邊，用羨慕的眼神看著我的時候，我彷彿看到了兒時的自己。

媽媽雖然老了，但是並沒有因為年齡的關係而減少對服裝的熱愛，她盡量不穿黑色、棕色等暗色調的顏色，她說那樣會讓她覺得心情不好。只要手裡有閒錢，她就會想再添購衣物，因為衣櫃裡「總缺那麼一件合適的衣服」。

當她買完穿上時，一見到旁人，神采飛揚的狀態馬上切換為低調地強調衣服是多麼多麼便宜，或者打馬虎眼說這是很久以前的舊衣服，現在才拿出來穿。

爸爸對此總是冷眼旁觀，露出一絲不屑的神情。我知道，在爸爸的世界裡，愛美、追求漂亮，那就意味著輕浮。因此，爸爸這一生也沒買過什麼新衣服，總是撿舅舅的軍服或者舊衣服穿。

隨著長大，我一方面對「漂亮」有著強烈的追求欲望，一方面又感到羞恥，彷彿這不是好女孩應該嚮往的，好女孩就該中規中矩、恬淡、不露聲色而又樸素大方。

在這兩種思想的衝突中，愛美的天性戰勝了抵禦它的力量，青春期的我，個性大膽張揚，穿著也與其他同學不同：自己修改的襯衫、自己編的髮辮、獨特的戴圍巾的方式……我也嘗試過畫眼影，一次下雨，便宜的化妝品不防水，雨水直接把黑色的眼影沖下來……尷尬之餘，我再也不敢化妝了。

颳風天，我就穿長裙，這樣裙擺可以隨風飄揚；心情不好，就穿黑色，讓自己有一種憂鬱的美……那時，我活在一種神祕的美中，覺得自己與風、與雨達成了一種默契，而自己任何一種情緒，藉由自己的外在彰顯，都是不同的美，就像不同的顏色代表的意義不同一樣。所以，我覺得自己可以駕馭任何一種顏色，而每一種顏色都在幫助我表達我的心情，使我與外界形成順暢、和諧的交流。

這種與天地融為一體的舒適感使我自由和快樂，也帶給我強大的自信，以至於我不斷迎接更高級別的挑戰。

因為買了一件白色的仿古斜襟上衣，我就把媽媽穿的一件黑色的婦女裙翻出來，又找來一雙飯店櫃檯姐姐穿的黑色皮鞋，特意配上白色襪子和與上衣的斜邊相配的紅色綢帶，綁上兩個三股辮，把自己打扮成復古青年的樣子。要是在學校，我這副扮相肯定會被老師批評奇裝異服，可是我覺得很好玩。

後來市面上有一種腰部可以用繩收縮的吊帶寬褲，我用自己獨特的眼光鑑賞，覺得配上貼身的白色T恤效果會很酷，於是把零用錢都省下來買了一條豔麗的紅色寬褲，開心了一段時間後才醒悟：原來這是孕婦褲……。

當然，自己的特立獨行引發了很多人的指指點點。那時候，開始有些同學開始評價那些漂亮的女生，說白了就是講人家「風騷」、「浪」。

我不在乎這些，除了我覺得這是自己酣暢淋漓的自我表達之外，還因為我有個堵住別人口的殺手鐧——成績好，而且還是班長、學生會會長。每次考試都是前三名，有什麼比賽，也能拿個獎。

有一次課堂上沒聽懂化學老師的問題，下課後我追著老師問，當時化學老師很感慨地說：「我以為妳這麼追求外表，是個花瓶呢！沒想到……」暑假時，化學老師因為我國文考過全區第一，特別讓我到她家去輔導她女兒寫作文。

後來發生了一件事，使我很長一段時間痛恨自己「愛美」，開始覺得或許爸爸說的是對的。

那是高中時，自己依然抱持「活出自己」的信念，在服裝上也與別人有一些差異，比如：我穿著白色牛仔褲，那就全身上下一身白，從腳上的鞋到馬尾上的絲帶，通通白色。

或許是因為這樣，我吸引了一些異性的注意。

有一次從餐廳吃飯回來，我忽然感覺一隻手伸向了我——這是一種從來沒遇到過的情形，當我從懵懂和羞恥中反應過來，那人已經揚長而去。

我怒火中燒，剛想追上去拿便當狠砸他的頭，或者隨便抓些東西砸向他！這時，心卻突然叫住自己：在大庭廣眾之下，這麼鬧肯定會引發圍觀，大家會不會說我是咎由自取？誰叫妳平時那麼注重外表？色狼怎麼不去騷擾別人，而偏偏騷擾妳呢？

這個聲音讓我的行動戛然而止，雖然怒火中燒，卻只能把委屈和眼淚往肚裡吞。後來，我又想到了一些報復的方式，但是終究因為各種原因而作罷。心中憤恨久久難平，但是自己會用更強烈的自我批判把這股委屈壓抑下去。

從那之後，我開始對外表謹慎了，盡量不要出格，混跡於人群中看不出來才好。努力發展內在，朝著爸爸期待的樣子發展。後來有一段時間，經濟低迷，我也接受別人的舊衣服，覺得穿別人的舊衣服也滿不錯的，這樣的狀況，自己不配擁有漂亮昂貴的服裝。

但是，我發現這樣的自己不夠快樂，那個痛快淋漓的自我畢竟存在過，如此這般，總覺得自己活得灰頭土臉，毫無生氣。

爸爸得了癌症之後，很反常地買了一件一千多塊的 Polo 衫，又替自己買了一床從未享受過的蠶絲被，他說：「我一輩子節省，很少為自己買什麼東西，現在，我得滿足一下自己。」聽了他的話，我的心中一片悲涼。

思考習慣養成了，就會影響一個人一輩子。就像爸爸，即便是富裕了，有了自己的退休金，但是他為了買一輛心儀許久的電動車，還是會考慮好幾個月，周圍人的不同意還在左右著他，干擾著他，使他無法理直氣壯地用屬於自己的錢來滿足自己。當生命只剩下最後的期限了，才敢為自己爭取一些東西，才能為自己活上一把。

我不想像爸爸這樣生活，但是不得不承認，在我的自我追求裡面，一定也有爸爸所不屑的輕浮和虛榮的成分，這需要我培養更多的內在品格去剔除，讓我擁有更多的能力去調和。

美麗，是在善良、智慧、勇氣之後，又一朵需要精心呵護的花朵，外在和內在之間也是相互促進的，最終達到和諧的平衡，便是綻放出了最美的自己。

青春期的個性服飾，很大程度上想向外人彰顯自己的不同，而如今已為人母，再追求美麗，更多是想愉悅自己。

過去少女的變幻多端如今已經沉澱為淡定從容，這是不同階段的美麗。

如今，我的女兒已經開始大膽替自己設計髮飾了，她用透明膠帶把撿來的一個紅色的蝴蝶結綁在一個紅色髮夾上，開心地戴在頭上。雖然看上去很劣質，但是我懂，她的美麗在於她的創造，她的自信來源於自己的獨特。

我的女兒又會有一趟怎樣的旅程要走？

不管怎樣，我們都要努力、漂亮地活著！

貼心小語

愛美是人的天性，這是不可違逆的，即便是小孩子，內心對美也是有感覺的。在幼兒時期進行著裝的美學教育，關係到他這一生的氣質和審美。讓孩子的穿著得體大方、精緻用心，這對孩子的一生大有裨益。我們看一個人，往往最重要的第一印象與對方的穿著有關——即便對方只是一個小孩子。每個孩子都渴望別人歡迎自己、注意自己、喜歡自己。孩子心裡也是喜歡自己整潔、好看一點的，但他們無法自己來決定，這就是父母的責任。每個家庭的具體情況不同，注重孩子的穿搭並不是指一味買名牌、逐潮流，而是要儘早培養孩子的審美觀，要做到用心、尊重孩子的喜好，讓孩子穿著大方得體。我們做家長的也要不斷提高自身的見識和審美，以自身的行為告訴孩子：無論身處何種境地，都不要放棄對美的追求，以及把生活過得精緻美好的能力。這是給孩子一生的寶貴財富。

撒嬌的力量

當女兒希望得到某樣東西而我卻拒絕她時，她慣用的手段是威脅我：「我再也再也再也——不跟妳好了！」可是寶貝，妳這手段連小朋友都鎮不住，還能讓我就範嗎？

「寶貝，過來抱住媽媽脖子，把臉貼在我的臉上，之後說『馬麻，幫我買一個嘛』，這樣我就同意了。」女兒如法炮製，我就讓她如願以償。

是的，我得強化女兒的撒嬌能力，既然我這個媽媽平時很難做表率，就只能用此拙劣的方式強化培養了。

女人的人性中有母親、大姐、女兒和小妹的角色，而女兒和小妹的角色，正是女人「嫵媚」的展現，也是一般人所說的「女人味」，在「女人味」中，撒嬌是具有代表性的行為。反觀自己，平時女兒和小妹的角色扮演得太少，當然，撒嬌這種事情，自己也不太擅長。

追溯緣由，自己的媽媽在與爸爸的關係中，就常常扮演著母親和大姐的角色，她是個強勢的女人，我學習到的也只能是如此了。

而當我想像別的孩子一樣跟媽媽撒嬌討要好處時，媽媽也是不接受的，她會用「太黏人」、「煩」、「火大」來表達自己對此的感受，「好好說話！」她不斷糾正我。

長時間相處，我發現她似乎對身體的親密觸碰很反感，和親人之間也都沒有親密的身體接觸。再往上追溯，我的外婆也是這樣——看來，這裡面有一種強大的基因力量，傳承著一代代，到了我這裡，也同樣的不會溫柔細語，冷硬時常表現在我的行為舉止中，不管闖蕩了多少年，和來自各地帶有不同文化背景的人相處，骨子裡的暖、柔、雅還是十分有限。

沒辦法，只能在自我接納中慢慢修練了。

傾聽媽媽的言語，慢慢還品出她的一種信念：父母接受撒嬌等同於溺愛，等同於阻礙孩子獨立。

她覺得，總是黏著家長的孩子，不會太有出息，那是溺愛的表現。整天「我的寶貝呀！」掛在嘴邊的父母，那些總是和孩子摟摟抱抱的父母，會導致孩子長大後離不開父母，父母也離不開孩子，這是對孩子不利的表現。

真的是這樣的必然邏輯嗎？

當我看到一個「絨布媽媽」的心理學的實驗，對自己「不會撒嬌」的認知就更深入了一步。

哈洛（Harry F. Harlow）是美國著名的心理學家，他為小猴子製作了兩種假的猴媽媽：一種是用鐵絲編成的「鐵絲媽媽」，另一種是用母猴的模型套上鬆軟的海棉和絨布的「絨布媽媽」。在同樣有奶瓶的情況下，小猴子偶爾會到「鐵絲媽媽」那裡吃一下奶，但更多時候是在「絨布媽媽」處吃奶並依偎在懷裡。如果「鐵絲媽媽」身上沒有奶瓶，而「絨布媽媽」身上有，小猴子很快就會和「絨布媽媽」難捨難分了，根本不去「鐵絲媽媽」那裡。如果「絨布媽媽」身上沒有奶瓶，而「鐵絲媽媽」身上有，只有當小猴子感覺飢餓時，才會跑到「鐵絲媽媽」那裡吃奶，其餘時間還是在「絨布媽媽」懷裡。每當小猴子離開「絨布媽媽」出去玩耍時，如果受到驚嚇，小猴子就會恐懼地快速跑到「絨布媽媽」那裡，緊緊依偎在懷裡，漸漸地平靜下來。如果將「絨布媽媽」換成「鐵絲媽媽」，小猴子遇到驚嚇，就會一直奔跑。

心理學家從實驗中得出結論：小猴子對母猴的依戀並不只是因為母猴能供給奶吃，更重要的是母猴能給小猴子柔和的感覺，並且還能給予小猴安全感。後來，哈洛等人又讓「絨布媽媽」增添了越來越多的母性特徵：在身體裡裝上燈泡，使它「體溫」升高，在身體裡裝上能按摩、會動的裝置，讓它會撫摸、擁抱小猴子。在這種情況下，小猴子更願意去找「絨布媽媽」，並且越來越離不開了。

從猴子的實驗中可看出，個體都有被撫摸的需求，這是一種本能。

對於嬰幼兒來說，接觸溫暖、鬆軟物體時會感到愉快，喜歡被擁抱和撫摸，而且會對觸摸對象產生情感依戀。

來自父母的擁抱、撫摸、接納和愛是讓孩子形成活潑、熱情、自信和自尊的保證。如果尋求擁抱和撫摸是人本能的需求，那我的本能是怎麼消退的呢？

由於家長不吃這一套，我的撒嬌能力，無論是語言的還是肢體的表達，剛剛處於萌芽階段就遭到了帶有貶低色彩的鎮壓，不要說撒嬌，連主動表達愛的能力也一起遭到了毀滅。幾次下來，誰還願意再去自取其辱呢？

在情感的道路上，我慢慢只能被動接受愛，以便讓自己處於可以主動選擇的位置，這大大避免了受羞辱的機率。

或許，我的媽媽也是這樣變成「女強人」的吧？至少她一定也是受到了抑制，才使「撒嬌」這個行為消失不見。

因為沒有，所以自己也給不出，並且還為自己的行為找了很多美好的藉口，例如訓練孩子獨立等。

我以上的兩代女人都很獨立，但是都缺乏柔和，在親密關係上都相對疏離，顯得很冷淡。

撒嬌這個達成目的的有效手段被泯滅掉後，我學會了用沉默、倔強，甚至是自虐來獲得自己想要的東西。記得六、七歲的時候，實在是吃夠了那些糙米飯，非要媽媽買零食和煮粥給我吃，媽媽不同意，小小的我就在寒冷的冬天中走到門前的灌溉小溝渠，在冷得刺骨的溝水中走來走去，走來走去，走來走去……不管多冷，我都一直在忍耐，媽媽怎麼喊我回家，我就是不回去。我不哭也不鬧，腦袋一根筋地被一個念頭所蒙蔽：我就是要吃餅乾！我就是要喝粥！得不到我就一直凍著不回家！

最終，媽媽無奈地跑到市區的商店幫我買回了餅乾，也替我煮了粥，我滿意地吃著這些東西，心裡有一種勝利者的得意。

從此，我不斷使用這個方式，尤其在親密關係中，我也擅長以長時間的沉默、無聲的哭泣（尤其是夜晚，別人已睡去的時候）等眾多自虐手段對抗，因此，當出現矛盾的時候，我經常使用冷戰迫使對方妥協。

現在我知道，這真是一個愚蠢的技術。

首先，當處於沉默冷戰的時候，自己是受傷的，冷戰越久，自己受傷越深；

只有愛你的人才願意對你妥協，才會在意你的感受，而這樣做，你是在傷害愛自己的人；即使最後對方妥協，也帶有「不再和你一般見識」的大度，但是他內心沒有真正感覺到平衡，矛盾的隱患還在；表面上看，自己好像贏了，可是最終事情根本沒有得到建設性的解決，結果也是敷衍而已。

成人後在親密關係中的互動模式，都是我們從小學習到的人際互動的方式，要是哪招用得好，我們就會無意識地繼續使用它，鞏固它，強化它，這樣沿襲下來的模式成了固定化的行為方式。

而那些在人生早期實踐中受挫的方式便被我們丟掉了，如我的撒嬌。

隨著自己的長大，觀察到其他人使用撒嬌、賴皮的方法在親密關係中輕易達到目的，自我反思之餘，我越發覺得這是個很好的方式。

撒嬌，首先得有對方會愛自己的自信，再配以親密的身體接觸的方式，用一種示弱的討好姿態要求對方按自己的心意行事。是啊！人家表達了對你的愛和信任，又用這種低姿態給了你充分的價值感，你還板著臉？還不同意？

我認識的人中，曼是撒嬌的高手。我現在還記得和她高中同班的時候，她親我臉時感覺到的熱熱暖暖的唇，在她細聲軟語和身體的親密接觸中，再冰冷的堅持都慢慢融化掉了，最後都遂了她的願。而曼一直是我們班上最受歡迎的人，人緣好得很。等到畢業十多年聚會的時候，我發現孩子都快上中學的她依然還是這個樣子，搖晃著一個本來不願送她回家的親戚的手臂：「求你啦！求你啦！」最終果然對方舉手投降，並且是微笑的樣子。

能夠撒嬌的人、善於撒嬌的人，一定是小時候父母非常喜歡他這個樣子，一旦如此，就順從了他。因此，百試不爽下越加強化了這個「情感敲詐」方式。事實也證明，不論熟人和陌生人，不論男同學還是女同學，大家普遍都喜歡這樣向自己表示親密的人，都不忍心拒絕這樣的「孩子氣」。

撒嬌者向對方表達了對對方來說至關重要的資訊：你很重要，你是站主動地位的人，你是具有掌控權的，你擁有左右事物的能力，這些資訊充分滿足了對方被尊重的需求和情感的需求。如此來看，撒嬌確實有著強大的力量。

當然，撒嬌只局限在親密關係裡，如果放在職場的語境裡顯然不合適。

尷尬的是，習慣了當「父母角色」和「大姐大哥」角色的我們，行為模式已經僵化。而親密關係中的對方，由於長期接受了這樣的角色，也會處在「孩子角色」和「弟弟妹妹」的角色裡僵化。

於是，很多成年人會覺得很累，因為在親密關係中，尤其是在夫妻關係中，想當「孩子」或者「弟弟妹妹」的人性需求得不到滿足，內心就留下了遺憾和空白，人性裡就出現了不完整，堅強背後的脆弱便無處安放。

女強人的媽媽，很難培養出一個會撒嬌的女兒。因為孩子在複製學習的時候，我們就沒有提供這樣的範例。在孩子往後的人生中，也會重複我們那樣僵化的角色。

改變，確實有一定難度。夫妻關係就像跳雙人舞，你一直是那樣的舞步，對方也習慣了配合你，而你突然要改變另一種舞步，對方就會由於不適應而手忙腳亂，說不定還會踩到你的腳。而恰恰是這樣的改變，我們才能打破一直以來的乏味模式，雙方都會有新的成長，人性趨向完整和平衡。

上天垂愛，賜我一女，讓我重新反思自己身上缺失的東西。就算我已經喪失了撒嬌的能力，至少我希望女兒有。雖然遺傳的力量很強，雖然人不能給出自己不曾擁有的東西，但是我願意從我這一代起做一些改變，至少有意識地對女兒的撒嬌做出一些正面的回應。

貼心小語

達到目的的手段有很多，撒嬌只是其中一種，是親密關係中的專利。當然，也要看對方是否吃這一套。對於培養女兒來說，還是要將這種天生優勢保存好，儲備一點總比沒有好！

孩子獨立，就好嗎？

我和金芒曾經參加過一個夏令營，主辦方要求家長和孩子必須分開學習和生活，在二十三天的時間內，除非主辦方有親子活動讓家長和孩子相見，否則都不可以隨便互擾。

雖然有這樣的規定，但是這些剛上小學的孩子難免還是會到家長的宿舍找媽媽，而媽媽們也會偷偷藏點零食給孩子，督促換衣服，甚至幫孩子洗腳。

金芒一直沒來找我，整整二十三天，我倒是忍不住去她的宿舍看了她一次，很快被她趕了回來，理由是老師說過要獨立，不能找媽媽。

營隊結束時，孩子們獲得了各種獎項，她獲得了「獨立」獎，在之後的日子裡，當問起她認為自己有什麼人格特質時，她也總是毫不猶豫地把「獨立」當成自己的首要標籤。

孩子「獨立」確實很好，但是，這真的需要一些前提。

時光拉到金芒幼稚園時期——

幼稚園放學後，她拿著早上帶去的小鏟子和同班的幾個同學玩起沙子來。金芒班上的小朋友然然也向她們跑過去，結果在滿是石子的路上摔倒在我的前面。

然然放聲大哭，雖然她爸爸緊緊跟後，但是畢竟離孩子最近的是我，也不好不管不顧（平時金芒摔倒我都不會扶，實在摔得很嚴重例外）。

我俯身去扶然然，她比我預想中還重，還是她爸爸及時過來把她扶了起來。

晚上，我和金芒一起洗完澡，我們兩個躺在床上開始了「臥談會」時間。

「今天放學妳們玩得真開心啊！」我本想在睡覺前讓孩子回憶一些美好的事情，順便強化下夥伴關係。

「哼，媽媽，妳都不愛我！」沒想到金芒氣鼓鼓地說。

「怎麼啦？」

「然然摔倒了，妳都去扶她，可是我以前摔倒妳都不扶我！嗚嗚……」說著說著，她眼淚竟然掉下來了。

我趕快坐起來，把寶貝緊緊摟在懷裡，她的這個問題，還真的打擊了我。

「寶貝，妳摔得不嚴重，媽媽是想訓練妳的獨立和勇氣，所以讓妳自己站起來，媽媽是愛妳的，媽媽是想讓妳更勇敢。」不知道為什麼，我忽然對自己的辯解感到有些心虛。

「然然摔倒了，應該是她爸爸去扶她，而不是妳！嗚嗚……」金芒繼續提出不滿。

「如果妳摔倒了，旁邊有個阿姨，這個阿姨會去扶妳嗎？」我反問她。

「會！」金芒點點頭。

「所以啊！然然在我前面摔倒，我也是她阿姨，所以我也要扶她一下。」雖然我用成年人的邏輯讓金芒理解這件事，但是，我知道自己迴避了一些東西。

我緊緊摟著她，一遍又一遍強調：「媽媽最愛的是金芒，雖然我也喜歡其他小朋友，但是最愛的是妳！」

嘴上這麼說著，可是心裡卻有另一個聲音在說：「妳為什麼對自己的孩子和別人的孩子雙重標準呢？」

這種自我反問其實很可怕，真的令人很分裂很痛苦。因為這樣問下去，自己就會看到自己的陰暗面。

所以，一般到這個時候，人往往就會停止思考，用對別人發脾氣或者轉移自己的注意力的方式來迴避自己。

但是因為有在接觸心理諮商師的課程，我明白這個時候正是自我成長的契機。人最重要的是發現自己從而整合自己，而平時我們是難以發現自己的，只有在與外界接觸、自己產生了一些刺激的時候，才能反觀其身——哦，原來我是這樣的呀！

對於孩子成長來說，我確實希望孩子摔倒後盡量自己站起來，能不去攙扶就不去攙扶。但是，然然摔倒了，我怎麼就下意識直接去扶了呢？我怎麼就沒先看看是不是摔得嚴重、有沒有必要扶，怎麼就沒堅持以往對自己孩子的原則呢？

內心的答案浮現了出來：

我其實是怕其他家長看我的眼光，我是怕其他家長認為我對他們的孩子沒有愛心——因為太多的家長只要孩子一摔，都會去攙扶，大家都這樣做，我這個特例，別人會不會不理解而誤會我？

如果認為自己的方式更適合孩子成長，為什麼不去鼓勵別人也這樣做？自己還是從眾了……

清晨我在半夢半醒中，變成了金芒這麼大的孩子……我嘻嘻哈哈地在院子裡跑來跑去，忽然腳下一絆，狠狠地摔倒在地上，膝蓋火辣辣地疼，低頭一看——一片殷紅的血。

這時傳來媽媽的聲音：「叫妳別跑、別跑，妳就是不聽話，活該！」

等著雪中送炭的我，感受到的是傷口上又被撒了一層鹽。本來只是身體上的皮肉傷，現在又新添了心頭的傷。

雖然媽媽還是過來幫我包紮，但是神情是不耐煩的，眼神是厭惡的，動作是迅速而僵硬的。媽媽原本是來幫助我的，但是我完全感覺不到媽媽的愛，只有滿滿的厭煩。

好幾個類似的場景在我頭腦中疊加盤旋。在我上高中時，有一次晚上不慎跌進一個滿是石頭的坑洞裡，兩個膝蓋都被撞出了血，同學把我背回家，媽媽見到後，當著同學們的面，首先還是這句話：「活該！」或許媽媽當時因為別的事情在生我的氣，正處於負面情緒狀態，我的受傷更增添了她的煩惱，但那場景真的令我在同學面前無地自容。

如今我成為了母親，在孩子跑跳的時候，我理解這是這個年齡層的孩子的需求；她摔倒的時候，我不會罵她，但是我希望「訓練她的獨立和勇氣」、「自己摔倒自己爬起來，不要太嬌貴」，所以當她摔倒時，我表現得比較淡然，甚至是漠然。

很多時候，孩子自己起來了，因為我的冷淡，以至於我的孩子在摔倒時沒有感覺到媽媽的心疼，爬起來後，也沒得到媽媽足夠的欣賞，因此，她才對我扶別的孩子起來時如此敏感，這裡面不光有愛的嫉妒，也許還有以往的嚴重失落感的疊加。

這樣說來，在對女兒「受傷」、「受挫」這類事情上，我和自己的媽媽一樣缺少對女兒基本的同理心、安慰和鼓勵。

金芒醒了，是自然醒，她一下子爬起來，開始在床上跳：「哎呀，我摔倒了！」她過去經常在床上跳來跳去的，和彈跳床沒兩樣，我習以為常，也沒太注意她。

「我摔倒了！」金芒又喊了一聲。

「媽媽！我昨天晚上跟妳說過了！」看我還沒有反應，金芒終於生氣了，歇斯底里地尖叫起來。

哦！原來她故意提示我哪！我恍然大悟，趕快一個俯衝抱住她的腿：「哪裡？哪裡？媽媽幫妳呼呼！」

「這裡！」金芒指著左腿膝蓋，我將嘴唇貼上去親啊親，親了好久，問她：「好了嗎？」

女兒終於露出了滿意的笑容，接著高高興興地起床盥洗了。

我忽然明白了，孩子在很多時候，其實只是在試探，看看父母到底在意不在意自己，而只有在百分百相信父母是愛自己的情況下，孩子才有摔倒爬起來的勇氣和力量，否則，雖然他自己爬起來了，看似很勇敢獨立，內心卻懷著深深的失望和委屈，他會認為這只是一種不得已的行為，這並不是磨練勇氣和意志的好途徑。

被迫的獨立不是真正的獨立，而是不得不面對的獨立，是喪失了對「幫助」的期望下的獨立。

對於摔倒這件事，我在態度上比我媽媽做得好一點，但是我的淡漠，讓我未能在孩子感到委屈時及時給予情感支持，使孩子無法感受到與媽媽的情感連結。

有一次，我們和一些朋友去爬山。下山時，一個男士擔心女士的安全，在一個難走的陡坡邊上幫助女士們下山。每一個女士走到那裡，都會自動地抬起手臂，將自己的手放在這個男士的手上。

輪到我了，我淡淡地說了一聲：「謝謝，我不用。」那位男士很尷尬地站在那裡，幫也不是，不幫也不是。

我仍然在沒有他的幫助下就下了這個坡。

但是我轉頭一看，其他的女士們都在一個個伸出自己的手來……忽然間，我注意到了自己的特別。

我似乎很少主動尋求幫助，也很少在別人想幫助自己時接受幫助。自己已經習慣了獨行俠的感覺，尤其是在大學畢業後，獨自一人闖蕩，更是習慣了自己面對問題。

在一些人眼中，我似乎很獨立堅強，但每每在夜晚時，當從緊張的情緒中放鬆下來，內心就會湧現出一股無依無靠的悲涼。

童年就與媽媽缺乏情感連結的自己，如今在養育自己的女兒時雖然已經小心翼翼，但是無意識中還在依循媽媽舊有的模式，因為內心已經多次確認了「獨立」的好處——因為得不到依賴，只能將自己擁有的東西作為自戀的資本。

這樣獨立的孩子也最孤獨，因為那是假性獨立，那只是我們自己的一種防禦機制。因為在情感需要時得不到媽媽有效的支持，甚至令她煩惱而生氣，慢慢就放棄了這種需求，內心有一種自己不值得愛的、他人是不可靠的信念。

這時候，孤獨感就是最好的保護層，內心有個聲音在說：沒有誰能珍愛和保護自己，妳只能靠自己。

是啊，儘管我也想去依賴，但是我害怕渴望受到冷漠甚至羞辱，進一步變成絕望。所以，不依靠他人，也就意味著不會給他人傷害自己的機會，但這同時也擋住了親密關係中美好的體驗。

我的孤獨層隔絕了他人，也使想要走進自己內心的人不能靠得太近。我不敢拿開自己的保護層，因為那太脆弱、太敏感。

女兒對我的不滿提示了我內心最隱蔽的脆弱和生存模式，很感謝她還能大聲說出來，而自己內心的小女孩，早已經絕望得不想再要求，以至於自己都忘記了她的存在。

獨立，不應該是苦不堪言的樣子。

真正的獨立，需要有可以依靠的情感支持作為後盾。在孩子的成長過程中，需要讓孩子感受到來自父母的情感滋養，在孩子遭遇困難挫折的時候，父母可以和孩子一起面對。

背後有情感的靠山，前面有想去探索的路，有歸宿也有去處，孩子處於這樣的心理狀態下，才會最放鬆、最安然地走屬於自己的路。因為即便遭遇什麼挫折，永遠都有一個心靈港灣可以停泊。

為了成為一個這樣的媽媽，除了自己不斷成長，還能有什麼更有效的途徑呢？

貼心小語

獨立是一個健全人格的人所需要的內在精神，但是獨立並不等於孤立，獨立也不等於不去依戀別人，否則，無法面對脆弱的自己，難以低頭，也難以學會愛。我們的確不能永遠依靠一個人，但還是要學會去依戀一個人。

批評孩子，是家長最上癮的事情

一個中午，我帶金芒到她同學樂樂家的電器行玩。她們一起分享了一些我買給她們的小吃，後來因為誰玩腳踏車和誰玩滑板車而爭執，但是最後因為樂樂不會玩滑板車，金芒將三輪腳踏車讓給了樂樂。

我和朋友一家三口正在看樂樂家賣的冷氣，這時候忽然聽見樂樂哭了起來，大家一看：只見金芒手裡緊握著一袋餅乾，而那袋餅乾並不是我買的；樂樂則哭著從她身邊離開，委屈地走到媽媽那裡去。

一看到這個情形，我立刻走過去：「金芒，這個好吃的是樂樂給妳的吧？妳怎麼自己一個人吃，還不和樂樂分享呢？妳看她都哭了！」

金芒一聽大叫起來：「媽媽，我再也再也再也不跟妳好了！」接著也要哭了。

當時店裡人很多，自己的孩子拿著人家給的東西，卻不願意和人家分享，讓我感覺無比難堪。樂樂媽媽抱起了自己的孩子，替她擦著眼淚：「沒事、沒事啊！媽媽再幫妳們買！」於是，樂樂媽媽迅速從附近的商店買回兩袋小吃，樂樂還特別走過來給了金芒一袋。

看人家樂樂的大度！

這更令我羞愧難當，恨不能找個地縫鑽進去。

我忍不住說：「妳看樂樂這時候還願意把東西給妳呢！妳那餅乾也拿去和樂樂一起吃吧，好朋友在一起吃多好啊！」

「媽媽，我不當妳女兒了！我要叫海鷹阿姨和樂樂媽媽當我媽媽，妳就和爸爸兩個人一起生活吧！」沒想到金芒的憤怒升級了，並且說出了她有史以來最「狠」的話。

哎呀，這麼小就威脅媽媽！而且她刺耳的哭鬧讓我心煩意亂，把大家的注意力都吸引過來了，這更令我難堪。

「妳想找誰當媽媽就去吧！我把樂樂帶回家當女兒！」憤怒之下的我也IQ和EQ銳減，什麼能發洩情緒就說什麼。

「哇！」金芒突然氣急敗壞地向我衝過來，舉起拳頭就開始打我，簡直像個小瘋子。

我也被她給氣壞了，之前我們從未有過如此激烈的衝突。

從樂樂家出來，樂樂還要跟著我們一起回家和金芒玩（可見孩子一下子就忘記了）。樂樂媽媽好說歹說才把樂樂給哄住。

可是，我們兩個人都還在生彼此的氣。

為了緩和氣氛，我說媽媽要買顆西瓜吃。在西瓜攤剛付完錢，金芒又開始耍賴：「我現在就要吃，就要吃！」分明還在延續剛才的負面情緒，我丟下一句：「回家才能吃！」就拎著西瓜，頭也不回地走在前面。

她慢慢地跟在我的後面，我走了一段路後，忍不住回頭看看她，看見她一邊走一邊用手摸社區路邊的灌木叢的頂端玩。

進屋之後，她衝進屋裡喊爸爸一起吃西瓜，和過去的樣子差不多，似乎什麼事情都沒發生。

盤裡的西瓜只剩下一塊了，金芒推給我說：媽媽妳吃吧！我看她有故意討好我的意思，也就緩和了容顏。這時候她問我：「媽媽，妳還生氣嗎？」

「嗯，還有點。」

「我呀，一邊走路一邊想，一邊走路一邊想，就不生氣了，不放在心上了！」好啊！她竟然和我分享自己處理情緒的辦法？

趁她玩的工夫，我湊到金芒爸爸身邊，和他小聲說了剛才發生在樂樂家的事情。金芒轉過頭來問我們說什麼悄悄話呢，我帶著情緒告訴她：「說妳在樂樂家的表現呢！」

金芒聽了，表情有點尷尬，默默到一旁玩去了。

下午我照常去參加家長聚會，晚上回來已經快十一點了，一開門，金芒高興地撲過來摟住我的腿：「媽媽，我還等妳呢！」

金芒爸爸還在忙他的工作，我帶金芒上了床。一下午的聚會讓我對如何做家長有了更深的感悟，又想起上午發生的事情，總覺得金芒不該是那種拿了別人東西還不和人分享的孩子，自己是不是有什麼地方誤會了？於是我想再和她討論一下。

「金芒，媽媽想和妳談談。」我們兩個面對面躺著，我很鄭重地說。

「談什麼？」她抬起小小的臉蛋望著我。

「談談今天在樂樂家的事情。」

「不要！」她一下子轉過去，不理我了。

「媽媽保證不講妳了！」

「妳還是會說我不對的！」

「媽媽說話算話，一定不說妳不對！」

金芒嘟著嘴巴，不情願地轉過頭來。

「媽媽問妳，那袋餅乾是誰的呀？」我想從「主人並不是妳」切入講道理。

「我不告訴妳！」哎呀，遇到了阻抗。

「那我猜猜？」我鍥而不捨。

「不給妳猜！」她一手把我嘴巴摀住了。哼哼，心虛了吧？我想。

終於把她的手拿下來，我決定從另一個角度問。

「樂樂為什麼哭著從妳那裡離開呢？」換從「同情弱者」的角度切入吧。

「她想撕那個袋子，可是我先撕開了，她就哭了……」

啊？

原來是這樣！

聽了金芒的解釋，我一下子呆住了，原來……我錯怪了孩子，並且事發之後又給了她那麼多壓力和情緒，而她……

「對不起，媽媽錯怪妳了！媽媽以為妳拿了樂樂的東西，還不願意和樂樂分享呢！」我親著她，真的感到非常非常抱歉。

金芒嘴巴一撇，眼淚就流了出來，我一看她這麼委屈，更加難過，我的眼淚也要流出來了。

「對不起，對不起！金芒是媽媽的好寶貝……」我把她摟過來，親著她的臉。這時她也把她的小手臂伸出來摟著我的脖子說：「我也最愛媽媽了！」

母女的衝突終於和解了。

早上去幼稚園的時候，我發現金芒書包側口袋有一個粉色的髮夾，那是她叔叔買給她的。「放在這裡多容易弄丟啊！怎麼就剩下這一個了呢？我記得這是一對啊？」

「另一個在樂樂那邊，因為她很喜歡，我就借給她了，她到現在還沒有還我呢！」

「如果她不小心弄丟了呢？」

「沒關係，就給她吧！」

我知道那是金芒很喜歡的粉色髮夾，剛買的時候開心得不得了，而因為她的幾句話，我發現這孩子對朋友其實是很大方的。

這件事情給了我深刻的教訓，我意識到我們大人往往用自己腦中的經驗先入為主地看待孩子，管中窺豹，就以為自己有能力「可見一斑」。只看到一個片面結果，就主觀推測了整個過程，並且已經對孩子帶有情緒，先認定了孩子有問題，經常一上來就質問孩子，沒有先給孩子足夠的傾訴和解釋的機會，就直接替他定罪了。

孩子面對這樣的情形，有時候會更加不願意再解釋，親子之間的誤會就會不斷加深。

如果心智成熟一點，我會不帶情緒地在樂樂哭後，走過去把金芒抱起來，問問怎麼回事。是客觀的詢問過程，而不是對結果發脾氣。在了解事情發展的過程中發現問題，然後再去解決問題。

金芒不經意把樂樂給她的餅乾袋子撕開後，面對好朋友的哭，她不知道該怎麼辦，從而走向媽媽求助，結果媽媽劈頭就罵她拿了朋友的東西還不知道和朋友分享。金芒遭受了委屈，又無法用很順利的語言為自己辯解，她的情緒便升級成憤怒，來針對我這個冤枉了她的媽媽，拋出狠話「要當別人的女兒」，而我也陷入自己的情緒裡，也用這個方式對待她，她的憤怒因此升到了頂點。

看來，幼稚園階段孩子說的「狠話」，很多時候是因為語言功能不太健全，腦海裡認為什麼話最惡毒，就拋出什麼話來維護自己的自尊。

可貴的是，金芒自己學會了處理自己的情緒，如用邊散步邊玩路邊植物的放鬆法，在她處理好自己的情緒後，還會來關心我這個媽媽的情緒，並且將她的心得體會和我分享……

本來已經過去了，可是媽媽還在和爸爸小聲說她在樂樂家的「不良表現」，自己明明很委屈，但是也懶得為自己辯解了，因為她知道，別人沒辦法理解自己，而自己也沒有能力表達清楚。她尷尬地轉過頭去，可能還要承受爸爸對她表現的不滿。

好在媽媽想出了可疑的地方，那就是——孩子之前明明還很願意和樂樂一起分享東西，怎麼今天忽然拿了人家的東西還不跟人家分享？上帝保佑，媽媽終於問到了關鍵。

孩子的思考、世界和我們想像的真的很不一樣，這需要我們像個偵探般耐心和細緻地調查、了解，千萬不要只看到表面就妄下斷言。

貼心小語

修練真愛，就是修練智慧的過程。如果像這件事情中的我一樣，對發生在孩子身上的事情先帶有自己的主觀判斷，就會距離孩子的世界越來越遠，親子溝通就會存在越來越深的鴻溝無法跨越。

第四章　在苦惱中成長

爸爸，我可以看你的小雞雞嗎？

四歲左右的金芒，有一天忽然在廁所門外問裡面正在上廁所的爸爸：「爸爸，你有沒有小雞雞？能不能給我看看？」金芒爸爸當時正在上廁所，女兒非要闖進去「觀察」。爸爸面臨大危機！

金芒爸爸緊張起來了，在廁所裡結結巴巴地說：「我、我有啊！可……可是晚上再看吧？」

「好！」女兒痛快地答應了，跑到別的地方玩耍了。

金芒爸爸出來，瞪著眼睛和我吐了一下舌頭，用手在額頭做了一個擦汗的動作，我不禁幸災樂禍地笑了。

晚上，金芒爸爸名義上去聚會，可是，到了晚上十一點鐘還沒有回來。

一直等待的女兒實在忍不住了，問我說：「爸爸真的有小雞雞嗎？」

「當然有，就是比班上的小男生大一點啦……沒什麼好看的。」我想弱化一下這件事情，替丈夫解個圍。

可是小傢伙堅持不懈：「爸爸說晚上給我看的……」後來，她的眼皮實在沉重，睡過去了。

凌晨一點多，金芒爸爸醉醺醺回來了，倒床便睡，一夜無話。

第二天，女兒第一個醒來，看見了爸爸在身邊熟睡，第一句話就是：「爸爸，你說你要給我看小雞雞的！」

「呃……晚上、晚上再看吧！我現在很睏！」他又這麼搪塞過去了。

晚上，我回到家，看到了這樣的一幕：

這個可憐的爸爸又被堵在廁所，門外的女兒又發出了這個要命的請求。我趕快過來解圍，從口袋裡拿出好吃的東西，讓金芒過去餐桌那邊吃。趁女兒離開的時候，老金從廁所鬼鬼祟祟地溜到臥室，神色緊張地問我：「怎麼辦？」看來此次已是在劫難逃。

如果再迴避，反而顯得這件事很特別，更加強化了這個特殊性。我就半開玩笑半勸他：「看就看，難道你想讓她一直好奇，將來偷窺成年男人？」

後來，我想到一個好辦法。於是我陪著老金把衣服全脫了，赤裸裸躺在床上。我們朝著正在吃點心的女兒喊：「金芒，過來玩『找不同』的遊戲啦！」

女兒從外面跳到床上，興奮極了，站在兩個身體中間來來回回觀察，還用手碰了碰比較陌生的領域，終於發現了成年男女胸部和生殖部位「兩處」明顯的不同，當然，她還有其他發現，比如媽媽的腳趾上塗了粉紅色的指甲油，而爸爸的沒有。

「我找到了三個不一樣的地方！」小傢伙得意地說。

「哎呀，妳太棒了！」冷得發抖的我們趕快穿上衣服，我們可沒時間和她詳細討論觀察力的問題，反正只要滿足了對成年男人裸體的好奇心就算完成任務。

這一次之後，她再也不說要看爸爸的隱私部位了。

我在為家長們上課時，經常拿這件事情作為兒童性教育的素材，幼兒階段的孩子，對男女的身體產生好奇心，是非常普遍和正常的性心理發展表現。

有個媽媽曾諮詢我說，她家女兒已經八歲了，現在還會和爸爸一起洗澡，這樣是不是不太好？

其實，在孩子還沒有性別意識的時候，我倒是建議異性父母和孩子一起洗澡，這樣能早早打消孩子對異性成年人裸體的好奇心。如果金芒曾經和爸爸一起洗澡過，她那時就不會對爸爸的身體感興趣了，弄得大人非常不好意思。如果對異性身體的好奇沒有被滿足過，可能會形成病態的好奇心，很多有「偷窺」表現的人，就是曾經過度壓抑了好奇心，日後以更強的力量反彈回來。

當孩子逐漸到了四五歲之後，有了性別意識，就要逐步強化她的性別意識，強調隱私的概念，這時候異性父母就不要再和孩子一起洗澡了，也需要在洗澡或者換衣服時避開孩子。

有一個網友諮詢過我一個問題，就是家庭中缺乏隱私觀念造成的問題。她家十二歲的兒子和六歲的女兒有時候會出現一些不好的模仿性行為。經過我更深入的了解，才發現他們家完全沒有隱私觀念，爸爸洗澡不迴避女兒，媽媽換衣服也不迴避兒子，沒有人認為隱私是需要保護和尊重的。雖然這件事本身還有很多其他因素，但是家庭缺乏健康的羞恥感教育是重要的因素之一。

除了對成年人的身體感興趣，孩子們還可能會對身體的一些特徵表現出好奇，金芒就問過我很多這方面的問題：

「為什麼妳身上長毛毛，我的沒有？」

「媽媽，妳上廁所怎麼流血了？妳是不是要死了？」

「為什麼妳的胸部這個大，我的這麼平？」

是啊，孩子會對陰毛、經血、乳房、男女小便的不同方式對我們進行提問。有一個階段，金芒對人家大便感興趣，恨不得把頭鑽到我的屁股下面去觀察。

當孩子這樣問我們時，我們首先要知道，與性有關係的問題是自然科學的一部分，我們客觀地告訴他們就可以了，如果你面露尷尬、緊張或者惱怒，孩子就會認為這些身體部位是不好的，也會對自己的相關部位感到羞愧，從而給孩子帶來負面的心理影響。

當金芒問我的時候，我就輕鬆地告訴她：

「妳十幾歲的時候，也會長這些毛毛的。」

「妳的乳房會慢慢發育，也會變大的。」

「這些血是身體不需要的血，流出去不會痛，更不會死了。通常十幾歲的女孩每月都會流一次，像媽媽這樣墊上衛生棉就可以了。」

對於男女身體的問題，金芒還問過我「為什麼男生有小雞雞而女生沒有？」、「為什麼男生站著尿尿而女生要蹲（坐）著尿尿？」

為了避免她認為自己沒有小雞雞是一種缺憾，我特地畫了一張草圖為她講解男孩女孩生殖器的不同，沒有的並不是缺陷，而是各自的特點不同而已。她還繼續問我：「男生的叫小雞雞，那女生的叫什麼？」哎呀！一下子把我難住了，飛快地搜尋了一下腦中的詞彙，發現腦海沒有關於這個詞的線索。於是，我咬咬牙，吞了一口口水，生編硬造了一個詞「小妞妞」，後來，我們兩個之間一直這樣叫，這成為了我們之間的專屬名詞。

至於為什麼要蹲著尿尿的提問，我自己深有感觸，我直到小學時還不服氣，憑什麼女生就得蹲下小便？於是我試著站著尿了好幾次，結果證明尿液不會像男生一樣成為一條線竄出去，而是會黏答答地沾滿大腿內側。

現在女兒也好奇了。據我的人生經驗，光用嘴說是沒用的，所以我鼓勵她自己試試看就知道了。

當她把褲子和大腿都弄溼了，便自己做出總結：「媽媽，我知道啦！還是蹲著尿比較好！」

貼心小語

幼兒期，男孩和女孩一起進入幼稚園，因為經常面對上廁所的問題，所以，孩子對成年異性的身體感到好奇是很常見的現象，這時候，適當滿足孩子的好奇心，孩子就能順利度過這個對性感興趣的敏感期。

特別的髮夾，戴還是不戴？

臨睡前的臥談會依舊是我們母女談心的時間。

「寶貝，說說妳今天在幼稚園發生的故事吧！」

「沒什麼故事。」

「有什麼開心的，或者不開心的呢？」

「哼，都是不開心的！」

「怎麼回事呀？」

「我早上戴著兔子耳朵的髮夾去幼稚園，小朋友們都嘲笑我……我再也不和樂樂和依然她們玩了！」

「妳覺得連樂樂和依然也笑妳了是嗎？」

「嗯……」說著，金芒的眼淚流出來了。

「哦……原來是最好的朋友也嘲笑了自己，所以妳很傷心啊……」

「對，後來我就把髮夾收到書包裡了。」

「我再也再也不跟樂樂還有依然玩了！」她又狠狠地補充說。

「樂樂還說要告訴妳我不跟她玩的這件事，哼！她要怎麼告訴妳呀？」我能想像出金芒惡狠狠地要與樂樂「割袍斷義」時樂樂表現出的難過，不惜用「我要告訴妳媽媽」來威脅她。

「看來，妳不想和樂樂玩，樂樂很難過，她還是想和妳一起玩的。」

特別的髮夾，戴還是不戴？

「誰叫她也笑我！」

實際上，放學的時候金芒還有拉著我去找樂樂玩。

整件事情的經過是這樣的：早上她要戴聖誕老公公送給她的髮夾去上學，以至於連帽子都不想戴了。最後達成一致：先戴帽子到學校門口，之後把帽子放到書包裡，再別上這個兔子耳朵的髮夾進幼稚園的大門。

我把這件事情放在網路上和很多家長討論，有的家長認為應該走自己的路，別人愛說就讓別人說！要勇於做自己，只要自己認為好就好，不要去管別人說什麼，這種「勇於做自己，勇於與眾不同」的想法要從小培養。因此，鼓勵金芒繼續戴兔耳朵髮夾上學，不要在意別人的評價。要知道，有多少大人不敢表現得與眾不同，總是混跡於人群中間尋求安全感，就是從小受挫導致的。

但是，我認為四歲的孩子不可能堅強到不顧及周圍人評價的地步。目前，她還處於依賴外界的評價形成自我評價的階段，即便是父母非常支持她戴兔子髮夾，她依然很大程度上在意她重要的生活圈——幼稚園老師和小朋友們的評價。她這個階段還不可能具有那麼強大的自我，做到可以不顧及別人看法的程度。因此，她本能會與環境相妥協。

另類裝扮會使一個孩子引發很多人的注意，如果她享受這種感覺，會使這個孩子為了引起別人的注意而做一些事情，而這件事情對於孩子來說，也許沒有太多意義。而且大家的關注會對孩子造成影響，使她無法專注地做事，總會有人打擾她，因為她太讓人好奇了，看起來太特別了！這種特別對個性的發展沒有實質性的幫助。

金芒戴髮夾上學，目的還是為了獲取大家對她的正面關注，但是她卻收到了「嘲笑」的回饋，成為了負面的關注。如果積極引導孩子從「如何獲得正向關注」這個角度去延伸思考，她既達到了目的，又能與環境很好地融合。

貼心小語

希望別人接納自己、喜歡自己是每個人內心的渴望，孩子也不例外。有時候他們會用一些裝扮使自己與眾不同，從而渴望受到關注和喜愛。但是，當孩子的行為沒有收到預期的正面效果，甚至收到負面評價時，她自然會協調自己去適應環境。這就是孩子自然的成長，家長沒必要過分干涉。但是，孩子產生的負面情緒還是需要去共鳴和導正的。

沒有故鄉的童年

聽到冰冰要全家搬走的消息，我和女兒都很失落，原因很簡單：我在剛剛落腳兩年的都市郊區的社區和冰冰已經成了如膠似漆的閨蜜；而兩個孩子是幼稚園的同班同學，無論上學放學都待在一起。如今冰冰舉家搬遷，不論對大人還是孩子，在情感上都是很大的失落。

這是多麼似曾相識的感覺，冰冰的離開讓我想起了木子，她是我在市區半工半讀時的同學，她為了唸大學的機會放棄了老家固定的高薪工作，四年讀書生涯結束了，她卻樂不思蜀，一工作就又是幾年過去了。後來她在都市的郊區買了房子，似乎要長久住下來，而我因為要解決歸屬感的問題，也想找個能解決戶籍的地方長久住下來，結束無殼漂泊的生活。木子和我很要好，她住的地方符合我的條件與需求，最重要的是，我想為幼小的孩子尋找一個長久穩定的「故鄉」，不想讓她在漂泊中度過童年。於是，我興沖沖地賣了市區的房子，搬到了木子所在的郊區小社區。

我和木子的社區相鄰，我曾想著晚飯後我們可以一起散步，一起陪伴孩子快樂成長，一起分享生活中的點點滴滴，一起抵抗異鄉的風霜，一起將陌生的城市變成故鄉……可是我的閨蜜之夢只做了半年，木子就來通知我，她要回老家了！因為她厭倦了漂泊。

我曾在內心設計的溫暖的、充滿情感連結的網就這樣破了一個洞，一種強烈的被拋棄感衝擊著我。我對如何在陌生的城市和一些陌生人建立高品質的親密關係很沒自信——我再三主動向鄰居示好，邀請她家寶寶來我家玩，可是她依然懷著警惕的樣子小心翼翼地保持距離，客套地一次次拒絕了。

女兒很喜歡一個叫樂樂的朋友，我就主動去接近樂樂的家長。問起將來孩子上小學的情況，才知道樂樂家因為沒有遷戶口，即便在這裡上小學，也不一定和女兒分到一個學校。「我們正準備在我們老家的城市買棟房子，也許明年就離開這裡。」樂樂爸說。

同一個社區有個和女兒年齡相仿的黑人孩子，我鼓勵女兒和他來往，培養一些國際觀，但是一接觸才發現——這孩子經常在課餘時間學習英文，因為他們家正在為移民做準備。

《弟子規》講：「居有常，業無變。」在過去的歷史環境下，居住的地方和工作不要老是變來變去。其實這也可以理解，因為不斷變化會不利於累積，在變動中總會不斷消耗我們的資源。

可是如今生活在像河流一樣流動的社會裡，我們已經很難不隨著社會的流動而變換自己的生存位置了。我曾執著地想為女兒製造一個叫「故鄉」的地方，希望她長大後能夠擁有我童年的那些美好回憶：巍峨的高山，淙淙流淌的小溪，裊裊的炊煙，簡單而純樸的人們，情誼深厚的夥伴，玩不夠的遊戲……我很清楚穩定而深厚的情感為我人生早期奠定了怎樣的基礎，帶給我多少力量。

可是，橫亙在我眼前的是不斷累積而又失去的情感，即便我再努力，也無法阻止這不斷的分離，我無法靠我自己的力量來給予孩子我童年的那些美好。

當我回到老家，發現熟悉的東西雖然還在，卻逐漸在消退，自己已經被家鄉的人看成異鄉之客，而當我回到現在住的地方，滿眼都是不熟悉的人們，身邊的地方不帶有自己的任何色彩，歸屬感依然無處安放。在我這樣「漂」著的焦慮裡，我的孩子將會擁有怎樣的童年呢？

但是話說回來，如果自己當年願意待在故鄉發展，沒有人能夠逼迫自己出來。是自己為了開拓自己的眼界、實現更多的價值而主動離開的，如果讓自己一輩子和一座城市、一個工作職位廝守，恐怕自己無法忍受。當我擁有了能夠決定自己去哪裡和不去哪裡、做這個而不做那個的自由，歸屬感的無所依附也就理所當然成為了自由的代價。

這樣的解釋依然無法讓自己滿意，依然無法徹底消除我對孩子沒有故鄉的遺憾。

一天，扎西拉姆．多多的小詩〈一無所有的幸福〉映入我的眼簾：

牧人無故土，

所以也沒有異鄉，
駐腳處便是家園。
他們以自己為圓心放逐著牛羊，
卻永遠不會成為被放逐的對象。
誰能夠放逐一個無家的人呢？
正如無人能夠讓無所祈求者下跪，
讓無所期待者失望。

這首詩讓我豁然開朗！是啊，在如今的時代，我們更應該有些「牧人情懷」，走到哪裡，自己就是哪裡人！自己永遠按照自己的意願去生活，按照自己的節奏去生活，順其自然地流動，只要堅持著自己的「圓心」，生活自然而然會呈現出不同的風景。

因為不知何時會分離，這讓我們更加珍惜彼此的交會，更加真實全然地在一起。而即便分離，我們也一樣會擁有下一段珍貴的情感。這樣的生活使我們更加能活在當下，不執著在某個人、某片風景或者某座城市上。

這樣的生活讓我們更能避免自身的惰性，可以更加靈活，享受更豐富的人生。

如今，冰冰是因為自己的事業要到另一座城市去，我非常佩服她這種拿得起、放得下的魄力，她的圓心很篤定，換一片新鮮的草場牧羊不是很好的事情嗎？如果我站在她的立場上，我應該為她的快樂感到快樂才對啊！我內心的悲傷從何而來呢？表面上看，這悲傷看似對冰冰的不捨，實則還是對自我有一部分喪失的痛苦，我喪失了什麼呢？相見恨晚的對象？因共同的興趣愛好而產生的共鳴？相互的啟發與激勵？共同見證的彼此成長的經歷？

是啊，她就好像是另一個我，強烈提醒了我自己的存在之感。我是捨不得失去這種存在之感，並不是捨不得冰冰。

於是，我可以微笑著送冰冰離去了。我知道，當冰冰離去，新生活又會向著我而來，我會在人生的路上，遇見其他像自己的人，我們還會繼續創造出絢爛的情感。

誰說冰冰離開我了呢？我們依然在LINE裡每天見面，想念彼此就通個電話，或者偶爾到彼此的城市見面。我們因為有著共同的追求，依然在討論、思考、辯論，雖然距離拉開了，可是我們依然在一起。

冰冰離開不久，女兒也因為某些原因換了新的幼稚園。我原本還在為女兒是否能適應新環境而擔心，女兒卻快速地愛上了新的老師和小朋友，最想「嫁」的人也由冰冰的兒子換成了新的小男孩。我不得不慨嘆：小孩子可比大人靈活多了！

一次，女兒讓我幫忙打電話給冰冰的兒子，由於開了免持，我聽見兩個小傢伙都在興高采烈地向對方訴說自己新幼稚園的情況，我聽得出孩子們都很喜歡自己新的學習環境。

幾個月過去了，一天女兒隨手畫了一個小公主，非要送去給以前的班導，並要求我寫上「老師，我愛妳」。我原以為她只是心血來潮，過幾天就會忘了，沒想到她十分堅持要把畫送到之前的幼稚園，當面交給老師。

既愛著現在，又珍藏著過去，我沒理由拒絕她啊！這難道不是我所渴望的嗎？

雖然沒有故鄉，但女兒會有屬於她這個時代的童年，雖然與我的童年不會相同，但我相信，都會各有精彩。

貼心小語

不同的時代，賦予人們的生活都是各自不同的，不論是我那個年代的自然純樸，還是這一代的科技為先，生活都各有各的味道、各有各的姿態。作為個體的人，我們只能順應時代、順應環境來讓自己更舒服。雖然每個時代有每個時代的「壞」，但是一味將目光放在「壞」上，只會讓自己更苦惱，自己跟自己過不去。享受這個時代的「好」，讓自己成為更加自由和靈活的人！

請尊重我們的孩子

A阿姨其實很喜歡金芒，經常買好吃的和漂亮的衣服給她，金芒也很喜歡A阿姨。但是，A阿姨有時候愛「逗」金芒，比如買了好吃的遞給金芒，當小可愛正高高興興地吃到一半的時候，她會說：「誰說這是買給妳的？這是我買給自己的，妳怎麼都吃了？妳要賠給我啊！」

這時候金芒會一臉茫然，尷尬地呆坐在那裡，不知道吃還是不吃、賠還是不賠。A阿姨看到金芒都要被逗哭了，便會很開心地再補充說：「給妳的啦！」

當大人居高臨下戲弄孩子的時候，本身就是一種對孩子的不尊重，讓孩子產生羞恥感、內疚感、不知所措的茫然難道是大人喜歡看到的？這樣把孩子當成什麼？更像是供自己開心的寵物。

• 孩子需要像成年人一樣去尊重

無論孩子多小，都需要像一個成年人那樣去尊重，這樣才能建立和維護他那稚嫩的自尊心，孩子的自尊心在小的時候就是由父母和周圍的親人幫忙建立的，當孩子受到別人的尊重時，孩子才懂得尊重自己，才能對自己建立自信，體會到自己的力量。

可是我們身邊不夠尊重孩子的現象時時在發生：

孩子半歲，正處於怕生時期，家裡一來客人會感覺害怕，甚至會嚇哭，父母就責備孩子：「沒人的時候拚命搗蛋，一來人連句招呼都不打！」——請先了解和學習一些孩子心理發展的特點，並且要知道：即使孩子不懂事，也能聽懂家長的語氣和眼神中帶出的輕視。

和孩子一起玩積木，看孩子疊得不好，直接搶過來說：「我來我來！」——孩子確實不如我們做的好，那是肯定的，但現在他只有站在一旁羨慕而崇拜地看著家長的份，並且對自己有了更深的認識：我就是不行、我確實不行！父母陪孩子玩的目的是什麼呢？是自己開心還是讓孩子成長呢？如果家長的開心建立在挫敗孩子的基礎上，一起玩的意義何在呢？

- 情緒勒索和情感虐待也是對孩子的暴力

有一次，我去醫院看病，目睹了一個暴躁的媽媽，小男孩兩歲多的樣子，正頑皮的時候，在醫院的看診間裡走來走去地玩。

當時人很多，他那看似弱不禁風卻強勢無比的媽媽用手指著孩子的腦門說：「我數到三，不坐到座位上我就踢你！」當她數到三時，孩子還沒坐上去，她走過去朝著孩子的屁股就是一腳，孩子立刻大哭起來。「閉嘴，閉嘴！」媽媽喊著，「我數到三，你再哭，我就把你扔在醫院，你信不信？」

這樣孩子怎麼可能止哭呢？剛剛在眾人面前挨了媽媽一腳，緊接著又面臨被拋棄的危機，再加上孩子本身情緒控制就無法像大人那麼好，他的哭聲越發刺耳，搞得看診間裡的人都非常難受。這時候恐懼的孩子拉著媽媽想要媽媽抱，又不小心把媽媽手裡的東西給弄掉摔壞了，媽媽氣急敗壞認為孩子故意搗蛋，又開始大聲訓斥孩子，孩子的哭聲一直未能停止……

終於醫生發話，把這位媽媽請出了看診間，讓她到走廊以免讓大家都跟著心煩，這位媽媽感到羞愧，更是把氣都出到了孩子身上，在走廊裡訓斥孩子，孩子依然在哭……。

我的心情真是無比難過。

• 父母也曾經是孩子

父母是否能夠耐心、認真而真誠地聽小孩子說說話呢？因為孩子語言功能尚未發展完全，往往會一邊說一邊想，難免會慢半拍，或者說得吞吞吐吐的，或者表達不到位，有多少家長能耐心等待孩子將想說的話說完？或者能控制自己不代替孩子表達？一次次的阻隔、代替和不耐煩，讓孩子喪失了溝通的主動性，等到青春期的時候，父母往往為孩子拒絕和自己溝通而煩惱：「怎麼問他都不說！」——那當然啊！人家當初想和你說話的時候，你不聽啊！

若想讓孩子將來尊重你，首先請在孩子小時候尊重他，尊重是互相的。

有時孩子在你面前看似尊重你，內心卻可能是出於恐懼而不是因為愛，孩子小時候若失去父母的照顧，直接面臨的就是拋棄和死亡，他為了存活不敢不聽從父母，畢竟，從馬斯洛的需求層次理論來看，獲得尊重在生存面前是次要的。

但是這種恐懼一直存在於孩子的心裡，這使他在成年後，無法意識到自己的力量，依然在父母面前表現出恐懼和順從，依舊延續過去的模式，不敢發表自己的主張，更悲哀的是，他已經完全沒有了自己的主張和主見，或者一直懷疑自己的感覺和判斷，顯得優柔寡斷、唯唯諾諾。這種可怕的果，來自幼年時父母種下的因。

孩子不是父母的私人財產，可以任你為之，他經由你而來，卻不屬於你；你可以保護他，卻不能控制他的思想；你可以去愛他，但是卻不能像寵物一樣「愛」他，因為寵物只需要取悅你，而孩子是一個和你一樣的，獨立的、活生生的一個個體，他有自己的想法，有自己的主張，有自己的尊嚴。

有些無意識的傷害是大人自己沒有察覺的，這可能源於自己的童年就沒有被尊重過，成為大人後，也沒有去反思自己身上存在的問題，於是，很容易將這些隱蔽的（控制、溺愛）或者是明顯的（打罵孩子，當眾侮辱孩子人格）的傷害傳到下一代去，從而成為家庭系統中的「業力」，成為人很難轉變的性格以及命運。

當父母這樣做的時候，他們只是把孩子當成自己的一部分，因此，他們傷害孩子的時候，其實一定程度上是在傷害自己。正是由於自身沒有受到足夠的尊重，他們才不尊重自己的孩子；正是自己不夠自信，他們才去打擊孩子的自信；正是自身存在的矛盾沒有調和好，他們才把衝突表現在外界，包括孩子身上。

只有當我們成為父母後，有足夠的成長欲望，並且足夠敏感，才能有所察覺，進而產生改變，將自己父母和其他大人遺留到自己身上的傷害撫平、療癒，破除家庭系統流傳下來的業力，改變自己的性格和命運，從而將健康流暢的愛傳遞給下一代和周圍的人。

這的確很難，但是我們可以共同努力！

貼心小語

父母不尊重孩子，一方面來自對孩子的輕視，一方面是來自「我就是對」的執念。

所以，至少在身體姿態上，能蹲下來和孩子說話；在想法溝通上，能傾聽孩子自己的想法；在思維觀念上，時刻想著自己也是有局限的。

最美麗的謊言

從金芒兩歲那年，我和金芒爸爸就開始以「聖誕老公公」的名義在耶誕節當晚、她熟睡的時候送禮物給她了。

在耶誕節來臨之前，會多給她看看「耶誕節」相關的卡通和繪本，到了街上，面對各處的聖誕樹和聖誕老公公的大臉蛋，都會指給她看，她自己也早已學會了唱聖誕歌，卡通裡關於聖誕老公公送禮物給小動物們的場景也讓我們留下了深刻的印象。金芒一直相信，真的有個穿紅色衣服、長著白鬍子的老爺爺，在冬日的夜晚不畏嚴寒地趕著馴鹿駕駛的雪橇來為小朋友們分發禮物。

當心中有個如此慈祥的老人，孩子的內心該是多麼溫暖、多麼欣慰、多麼期盼啊！

在距離耶誕節還有幾個月的時候，金芒就許願希望能得到聖誕老公公的禮物：一個漂亮的粉色髮夾。為了進一步讓「聖誕老公公」確認，我先是帶她逛了兒童飾品店，旁敲側擊地套出她最喜歡的禮物：不把禮物具體化，會讓「聖誕老公公」很為難的。

之後的夜晚，在陪伴她睡覺前，我們都會討論一些聖誕老公公的事情。比如：聖誕老公公會不會送禮物給非洲挨餓的兒童呢？如果不坐馴鹿，他本身會不會飛呢？他是怎麼從煙囪進來的呢？他會不會愛世界上每一個孩子呢？

耶誕節越來越近了，金芒堆積的幸福期待也越來越強烈。因為耶誕節是週日，幼稚園提前在週五就過了耶誕節，金芒得到了聖誕帽和一個可以轉動手臂和腿的粉色娃娃，放學一見到我就興奮地讓那個小女孩「劈腿」，看得出她很滿意。

但是，這還不是真正的耶誕節哦！

耶誕節第一天，金芒和爸爸媽媽分享了一個夢：她夢見聖誕老公公好像來了，因為她夢中聽到自己的門口有一個老人「咳咳」的咳嗽聲，那應該就是聖誕老人！哈哈，看來，聖誕老人的腳步越來越近了。

耶誕節這天，金芒上午在幼稚園學跳舞，趁著空檔，我趕快來到之前的飾品店，把金芒看上的髮夾一次採購了三個，又忍不住買了一些她過去流露出喜歡的小東西。為了避免提前曝光，我把禮物藏在一個不起眼的袋子裡。

跳完舞了，其他小朋友的媽媽幫我引開她的注意力，使她沒有精力注意到我手裡新拿的袋子，我把新袋子掩藏在裝她舞蹈衣的袋子裡。

第四章　在苦惱中成長

因為晚上有朋友的聚會，我就帶金芒來到工作室和她爸爸見面。

「金芒，妳看看媽媽的辦公室有沒有吃的？」趁著她蹦蹦跳跳離開的空檔，我們夫妻二人慌慌張張地把禮物拿出來，迅速藏好。等她跑回來的時候，我們正好掩蓋完畢。

聚會回來，金芒爸爸和從老家過來的朋友去工作室聊天，我則帶著金芒回家休息。為了怕金芒爸爸喝多了或者和朋友聊 HIGH 了回家時忘記帶禮物，我避開金芒打電話給他一再提醒。同時，也怕他回來早了，萬一金芒還沒睡，一下子撲過去豈不是露了餡？

於是，我就催促金芒趕快上床睡覺，因為「只有在小朋友睡著的時候，聖誕老公公才會來送禮物呢」——要是妳不睡，妳老爸也不敢回家啊！

好不容易等她換好了衣服，剛鑽進被窩，就冒出了一句晴天霹靂的話：「我不想讓聖誕老公公送我髮夾了，我想讓他送我好吃的……」

「不行啊，東西都——」我差點說溜了嘴，趕快補上一句：「今天才改變主意太晚了，聖誕老公公已經在路上了！」

剛把眼睛閉上一會兒，金芒突然叫起來：「媽媽，聖誕老公公是從煙囪裡進來的呀！可是我們家沒有煙囪！」

我們住在電梯大樓，確實和卡通裡的小動物的家不太一樣，我心裡暗笑小寶貝想得比大人還周到，於是安慰她說：「我們大樓的最頂端是有煙囪的，他會從那裡下來的。」她這時候又喊說餓了，我們兩個不得不重新坐起來，等我以最快的速度熬好了粥，金芒那裡卻有點睜不開眼睛了：「媽媽，小朋友們是不是這時候都上床睡覺等禮物了啊！我也應該去睡覺……」她在填飽肚子和禮物之間相當苦惱。

這時候只得煩勞老媽我親自動手餵這個又睏又餓又苦惱的小可憐，她半睡半醒間喝完了粥，隨即就進入夢鄉了。

午夜，我被窸窸窣窣的聲音吵醒，一看是金芒爸爸拿著裝滿禮物的塑膠袋子躡手躡腳地回來了。

「她睡了沒？」

「早睡了，放進去吧，小心點！」我們兩個壓低音量，生怕剛進她的房間就被逮個正著，那樣的話，聖誕老公公計畫可就毀於一旦了。

「萬一她問為什麼聖誕老公公這麼晚來，我們怎麼說？」為了方案萬無一失，我又想到這個問題。

「昨天晚上呀，聖誕老公公找不到我們家了、迷路了！正好我下班回來遇到他了，就把他帶來了！」

不得不說，金芒有個機智的老爹。

OK，一切順利。就等著她早上起來發現驚喜了！

不知道這個遊戲還能玩上幾年，我多希望這個質疑和否定的時間越長越好……但孩子終究要走向成長，也不能總生活在幻想中，否則將來她可能還會因為篤信聖誕老公公存在而遭到小朋友的嘲笑，還可能會覺得受到了父母的謊言的欺騙而生我們的氣。

但是，我確信她的心靈由於得到了這位慈祥老公公的滋養而成長得更堅實、更美好，未來，我希望她能將這位給予她無條件愛的聖誕老公公的形象與父母的形象合而為一，最終真正明白：聖誕老公公其實只是父母的化身。

貼心小語

孩子的童年是短暫的，父母只要多用點心，就能夠為她的童年創造一些神祕和驚喜。同樣是花錢買禮物，送法不同，感受是完全不一樣的。當孩子得到過別人創造給他的驚喜，得到了收到禮物的美妙感受，未來才有能力延續這種創造力給予別人。

怯懦的成年人

一個週末，我帶著金芒報了一個親子營隊。中間有一個活動，營隊長號召小朋友們上臺表演節目。

於是，小朋友們在家長的鼓勵下，或者自己怯生生地緩緩走向舞臺，或者由家長牽著上臺，大家紛紛開始施展才藝。

金芒剛開始也試圖讓屁股離開座位，但是很快就坐下了，一會又站起來，看得出她內心很衝突，躍躍欲試但又因害羞而退縮。我在旁邊一直鼓勵：「妳那首新學的英文歌唱得多好啊！可惜就媽媽一個人在家聽過，讓大家也聽妳唱一下吧！」

不管我怎麼說，她的兩隻小手依然死死地抓著前面的椅背，就那樣站著，想坐下吧，還想表演；想表演吧，還克服不了內心的恐懼。

這時候，營隊長拿出一枝黃色的自動鉛筆，說要獎勵有上臺表演的小朋友。黃色筆套上可是金芒最喜歡的小熊維尼！

這下金芒按捺不住了，想擁有小熊維尼鉛筆的衝動戰勝了上臺的恐懼。她緊抓著我的手臂顫抖著走到舞臺上。但是，在真正表演的時候，她的頭低垂著，眼睛看著地面，哼哼呀呀地唱了一首英文歌，我敢說沒人能聽懂她唱的是什麼，聲音小到連站在旁邊的

第四章　在苦惱中成長

我都聽不清，咬字也不清晰，與平時在家裡的表現判若兩人。

唱完回到座位，我還開心地看別的小朋友表演呢，但金芒不高興了：「阿姨沒發禮物給我……」

其實，營隊長根本沒準備那麼多禮物，只是為了訓練小朋友們的膽量，真的主動索求禮物的也不多，但是……既然說了有禮物，大人就應該履行諾言嘛！

於是我鼓勵金芒再去找營隊長要禮物，營隊長不失時機地再次邀請金芒表演，這一次，金芒表情放鬆了很多，很順利地大聲背誦了一首詩。

在小朋友們表演期間，我聽見有的家長鼓勵甚至逼迫孩子上臺：「你也去，快點！」當孩子不願意的時候，有的家長甚至辱罵孩子：「你怎麼這麼不爭氣呢！你看別的小朋友多勇敢！」

願意上臺的小朋友們都表演完了，因為比預計時間還多出半小時，營隊長開始邀請父母們表演。這下可好，剛才還對孩子們頤指氣使的成年人，一下子變得鴉雀無聲。

營隊長多次邀請也沒有一個人上臺。

金芒在座位上推我：「媽媽，妳上！」

我一下子開始變得緊張起來，頭腦裡想著：「我要唱哪首歌？哎呀，不能唱兒童不宜的，哎呀，不能唱有負面情緒的，哪首歌適合現在的情境呢？」

金芒一個勁兒地推我上臺，可是我眼睛還在轉來轉去，大腦裡還在胡思亂想。

「媽媽，妳害羞！」金芒一隻手指著我，一隻手摀著嘴巴開始竊笑。

只有面臨同樣的情境，有相同的體驗，才能體會到相同的心情。剛才還罵自己孩子「不爭氣」的那些自以為是的家長，現在輪到自己卻沒有一個「爭氣」的了。

這時候我才體會到剛才上臺表演的金芒有多勇敢，即便她唱不清楚一句歌詞，即便她唱歌的時候低頭不敢看觀眾，可是她還敢上臺表現自己，我卻連上臺的勇氣都沒有。

孩子的思維很單純，上臺只是為了獲得一個獎品，可是對於我們成年人來說，那些都無法形成刺激，不值得去做。不僅如此，我們還有無數的念頭來衡量我們要不要來做這件事，值不值得做這件事，怎麼樣漂亮地去做這件事，萬一表現不好該怎麼收場⋯⋯於是，我們的行動都被束縛了。

記得上次參加另一個營隊，也同樣有小朋友上臺表演節目的環節，在一個小女孩唱歌的時候，我前面的三個男孩嘻嘻哈哈起鬨：「唱得真難聽，誰給她的勇氣？」可是當請他們表演的時候，他們卻沒一個敢上去的。

也許，我們從小被大人脅迫表演；也許，當我們成為目光焦點時，也曾遭遇過臺下的哄笑和諷刺，於是，我們累積了許多對表演的反感和恐懼。

小時候，我們上臺表演也許是為了得到物質獎勵，也許為了得到別人的讚美和欣賞；長大了，我們覺得沒有足夠的交換條件就沒必要做這件事，或者執著於會不會得到欣賞和讚美的舉旗不定上，於是，我們不敢成為鎂光燈下的主角，我們要嘛假裝清高不屑，要嘛就處在「上還是不上」、「會得到什麼結果」的焦慮和緊張上。

似乎，當眾表演只是嘩眾取寵的手段，我們太害怕無法滿足自己的自尊心了，為了避免受傷害的風險，不如一開始就別冒險。

我們大概都忘記了歌舞表演的初衷，實際上那只是一種表達方式而已，表達自己的情感，並且分享給別人，僅此而已。這種表達本來應該與說話交流沒有什麼區別，可是為何卻賦予了這麼多的東西，讓我們大人如此不自然呢？

營隊長邀請了好多遍，沒有一個大人能大方地站起來。營隊長最後只好無奈地說了句：「那大家休息吧！」

不得不承認，要我自己的思維回歸到「唱歌其實只是一種溝通和交流」還是很有難度，知道和做到仍有很長一段距離。

直到大家都一個個閉目養神了，我還在苦惱：「要不要勇敢一下？我得為女兒做個榜樣啊！要不要現在站起來？可是營隊長已經說休息了……」

唉，我還沒女兒勇敢！

貼心小語

俗話說得好：「龍生龍，鳳生鳳，老鼠的兒子會打洞。」想要孩子什麼樣，自己要先活成那樣示範給孩子看。我們往往都喜歡舒適地趴在窩裡當一隻野雞，卻希望孩子是一隻翱翔在天空中的雄鷹。明明自己的IQ和EQ也不高，卻無法容忍孩子的平凡。

告訴孩子這個世界的陰暗面

晚上九點半左右了，金芒非要下樓玩，我們就步行來到了社區公園，女兒照例要玩那幾個她熟悉的娛樂器材。她每次都要先玩中間區域的鞦韆和太空滑步機，最後玩旁邊的攀爬架。

當她玩夠了太空滑步機之後，又小跑步到攀爬架那邊去了，因為一直是這樣的規律，我也沒有立刻跟著她過去。

當時夜色已經很黑了，社區的燈光也不是很強，女兒在我的視野裡消失了兩分鐘左右，我意識到該去找她了。

當我走過去的時候，發現一個中年男人正抱著金芒！還有另一個男人和一輛機車就停在他們身邊……

不知道其他媽媽看到這一景象會想些什麼？

反正我的冷汗直流。

在電視上不時看到國外有偷小孩的新聞，人口販子光天化日之下就敢當街擄走小孩，當孩子哭時，他們還會冒充孩子的父母罵孩子不聽話，別人以為是父母管教孩子也不會多想。

那輛停靠在攀爬架旁邊的機車在黑暗中是那麼刺我的眼，我們社區有地下停車場，而且一般腳踏車和機車即使不放在地下一樓，也都會放在社區門口的停車格裡。那機車明顯是那兩個人的呀！晚上在社區裡騎機車兜風嗎？

夜晚，周圍一個鄰居都沒有，要不是我及時走過來，若這兩個人摀住女兒的小嘴騎上機車飛馳而去，或者和女兒溝通幾分鐘再拿什麼東西引誘她，也可能會讓她自動跟隨著他們走……僅僅兩分鐘，孩子就會在我身邊「憑空消失」！

走向孩子的路其實只有十幾步，我卻被自己的想法嚇傻了。腦海裡只有一個想法：

趕快把孩子抱過來！

當時，這兩個男人看似友善地在和女兒說話，女兒在陌生男人的懷裡有點扭捏。在我的印象中，男人們普遍都忙工作，很少有管自己家孩子的，就不要說對別人家的孩子這麼親密、這麼有興趣了。因此，我的警覺度又加強了許多。

「金芒，妳都這麼重了，就別讓叔叔抱了，下來和媽媽回家吧！」我強忍著內心複雜的情緒，盡量平靜地把金芒從對方手中接回來。

孩子回到自己的身邊，我才暗暗舒了一口氣。這時候才顧得上打量這兩個男人，看臉跟氣質他們不怎麼像壞人，有點像普通白領，看到我過來也沒有表現出慌張，而是說：「這孩子真可愛，我問她叫什麼名字，她說叫金『萌』，問她住哪棟樓，也都知道……」

「你們住哪棟樓呀？」我仍然懷著警覺心理平靜地問，努力裝出熱情的樣子。

「哦，我們就住後面這棟。」他們指著八號棟說。

他們沒有說出具體樓號，也讓敏感的我有些存疑。雖然他們給人的感覺還不錯，但此刻的我只想快點帶孩子回家，趕快離開，越快越好！

距離家所在大樓的門口不到一百公尺的距離，我在走這段路的時候做著激烈的腦內劇場：要不要告訴女兒隨便讓陌生人抱會有危險？但這樣會不會使孩子過小對這個世界、對陌生人抱持恐懼？才三四歲的孩子，這麼早就知道人心險惡真的好嗎？

「媽媽，妳弄痛我的手了！」女兒叫道。

「哦！對不起！」我確實緊張了。

為了避免把自己的焦慮情緒傳染給孩子，我鬆了鬆手，忽然意識到此刻自己手心裡都是汗。

到了樓上，我緩了緩情緒，還是下定決心提醒女兒。

為了顯示重要性，我特意蹲下來看著孩子的眼睛說：「寶貝，媽媽跟妳說，妳自己一個人的時候，千萬不要讓陌生的叔叔阿姨抱，就像剛才那兩位叔叔，妳不認識他們，我們不知道他們是好人還是壞人，所以不要讓他們抱。如果他非要抱妳，就趕快喊媽媽。」

「哦。」女兒眨眨眼睛，只是應了一聲。

看她的反應，我覺得力度還是不夠，只好咬咬牙，又加了一句：「剛才那兩個叔叔萬一是壞人，把妳帶走了，妳就再也看不到媽媽了！」

女兒點了點頭，臉上仍然一副似懂非懂的樣子。

「如果有壞人把妳帶走，妳該怎麼辦？」還得從應對方法上加強她的防衛意識。

「我就喊救命！」

「如果壞人摀住妳嘴巴呢？」

「我就用牙齒咬！」

「有一句話很重要，」我故意停頓了一下，等她把注意力全部集中過來，我又一字一字地說，「如果能向別人求救，一定要說『我不認識他！救命！』」

哎！我真的打從心底不想對孩子說這些資訊，怕她這麼小就因為處處提防而影響對人和這個世界的信任。

但是因為工作和生活的流動，我們這個社區大部分都是非本地、外縣市上來打拚的人，鄰里之間都是陌生的，如果孩子一不小心走錯棟，真的就不知道去哪裡找。即便是問那些晒太陽的老人們，也沒幾個能知道哪個孩子是哪家的。

我希望這個世界不存在欺騙和邪惡，可是確實這個真實的世界什麼都會存在，只告訴孩子這個世界的美好面也不現實。對於邪惡，也不能過於渲染恐懼。如果孩子太小，光提醒孩子注意防範是沒用的，只會增加他對陌生人的不信任，家長身為監護人，還是得多用點心。對於孩子來說，要教會他們萬一遇到壞人該如何應對、哪些方法更有效。

貼心小語

這個世界的陰暗面是無法迴避的，我們家長也不可能保證孩子永遠安全。與其這樣，不如客觀地告訴他如何避免邪惡和如何應對邪惡。這樣的資訊對於孩子的影響，還是在於家長自身的認知和情緒，如果家長總是非常焦慮緊張，孩子也會對這個世界和他人缺乏信任；如果家長客觀一點，平時也不會無端疑神疑鬼，我想也不用擔心孩子。畢竟，負面資訊和客觀資訊是有區別的。

在愛中退化

假期的最後一天，朋友英子和晨晨兩家來我們家聚會。英子家不到半歲的小寶寶被養得胖嘟嘟的，看著令人喜愛，我和晨晨來來回回地抱著小傢伙不願放手。

晚上五點多聚會散去了，我們一家三口躺在床上休息，金芒因為感冒，金芒爸爸因為喝酒，他們兩個都睡得很熟，我休息了一下，想起一本書還沒有讀完，就悄身起床去客廳享受我的讀書時光了。

九點多了，我聽見臥室裡金芒的咳嗽聲，知道她醒了，不知道她是不是要上廁所，趕快進房間去看她。

小傢伙睜著眼睛，安靜地躺在那裡，在黑暗中看到我第一句話是：「媽媽，妳是不是不要我了？」

原來金芒剛剛做了一個夢，夢見我不要她了。

到底是因為什麼，使她做了這樣一個夢呢？

我的腦海裡立刻想起下午我抱小寶寶時的情景，金芒在我放下小寶寶的時候，一個勁兒地也要我抱抱……我恍然大悟，輕輕地問她：「是不是今天我抱小寶寶的時候妳有點不高興啊？」

金芒點了點頭。

哦，今天她看到我抱別人的孩子，所以自己「退化」到更小的狀態要我抱，只是想確認自己的媽媽是否依然愛著自己，並沒有因為別人的孩子而降低了對自己的愛。而我，卻對她這些向我確認的行為表示了不耐煩：「妳都四歲了！多重了還要人家抱呀……」即使後來勉強抱了抱她，眼神卻還在看著那個小寶寶。

還有萱萱，是晨晨家已經上小一的孩子，看到金芒撒嬌要媽媽餵飯，她也要媽媽餵她——她們這樣的「退化」，都是為了向媽媽確認，媽媽也能這樣愛她。

但是如果在媽媽那裡沒有得到良好的確認和回饋，孩子可能就會懷疑媽媽不夠愛自己，自己不如另外那個吸引媽媽目光的小朋友可愛。

為了解釋我對小寶寶的喜愛，我舉了下午英子老公不斷把金芒扔向高處，接著又穩穩接住的例子：「妳看，叔叔也一樣喜歡妳呀！妳和他在一起玩也很開心吧？還有晨晨阿姨也是因為喜歡妳，才會買那麼多好吃的給妳。我喜歡他們的孩子，就跟他們喜歡妳是一樣的！」

漸漸地，金芒放心地再次闔上了眼睛，睡著了。

我洗漱後，繼續上床睡覺，腦海裡卻不斷湧現一些生活的碎片。

多年前，住在外地的舅舅回家過年，我們整個大家族都團聚在外婆的家裡，已經為人父的四十多歲舅舅趁著酒意一下子趴在外婆的腿上撒嬌，在很嚴肅、不善於表達情感的外婆的家族中，這樣的情景實屬罕見，再說，平時可沒有人能有這樣的勇氣向外婆索愛的——外婆和媽媽一樣，不喜歡肢體的接觸，也從不表達溫柔。

另一個場景是同事冷姐要喝水，就假裝童言童語地要爸爸幫忙倒「ㄉㄟˇㄉㄟˇ」——雖然她自己已經三十好幾了，而且在職場上絕對是一個獨立的、優秀的女人；雖然她老爸已經六七十歲了……冷姐背地裡跟我說，她這樣做覺得自己很幸福，不管多大，還是一個受寵愛的小女孩，而老爸被「使喚」之後的感覺也很好，心甘情願為「小公主」服務。當然，她的要求都會在老爸力所能及的範圍內。

金芒在幼稚園裡都是自己獨立吃飯和換衣服的，可是有時候她就非要我餵她吃飯，幫她穿衣服，我有時候會感覺這是一種依賴和不夠獨立的表現，而拒絕幫她，但是後來我看到她在我餵她吃飯的時候，表現出很幸福的樣子，這讓我想起自己小時候也曾為了獲得媽媽的溫柔照顧而故意生病，兩者很類似。

我們都不是不能獨立，但有時候我們需要向父母確認他們是否還那樣愛著自己，並且要享受一下那樣的愛；偶爾退化到照顧小孩子一樣去對待孩子，也不一定就是溺愛，是我們要讓孩子相信：身為父母，我們能始終不渝地愛著他。他們在我們面前永遠有當小孩子的權利。

貼心小語

如果家裡來了小客人，家長對他們的態度過於熱絡，為了盡地主之誼而有著明顯的厚此薄彼，自家孩子產生嫉妒心是很正常的。有的家庭在生第二胎時，往往把更多的關心放在新生兒身上，從而忽略了大孩子，大孩子對弟妹產生嫉妒也是很常見的心理。孩子也是很敏感的，尤其在對待父母關愛這一方面，有時候或許大人是無心的，但孩子卻都放在了心上。要避免孩子的嫉妒情緒，不僅要注意到易受冷落的孩子，更要想辦法讓他與其他孩子進行「情感連結」。比如家裡來小客人前，可以和孩子約定讓他來承擔一些招待小客人的工作，當孩子有了相應的表現時，積極地誇獎他。對於弟妹也是這樣，家長要有意識地讓老大來幫忙：「你弟弟（妹妹）希望你這個厲害的哥哥（姐姐）幫他穿一下衣服。」當孩子幫忙做了，趕快引導老二說：「弟弟（妹妹）謝謝哥哥（姐姐），你真是幫了大忙啊！」這樣，孩子在其他孩子面前有了歸屬感和存在感，承擔責任的能力也隨之培養起來了。

第五章　新手媽媽的新觀察

謹慎對待「睡前故事」

睡前為孩子講講美麗的童話故事，這是很多家庭的親子時光，對此，我也是樂此不疲。

在大半的閱讀時間中，隨著孩子漸漸進入睡眠狀態，我也被故事所釀造出的朦朧意境所感染而昏昏欲睡，甚至乾脆和衣而臥，倒在孩子的身旁。

「媽媽，要是妳死了，我會不會也遇到像皇后那樣的繼母呢？」這個《白雪公主》的童話故事顯然引起了她的焦慮。

「不會的，媽媽不會死的！」我加重了堅決的語氣，努力安慰她。

「可是……」被調弱的燈光下，仍能看見她緊鎖的眉頭。

「可是我們幼稚園老師說過，每個人都會死的。」她的目光比剛才更加不安。

我有些語塞，膾炙人口的《白雪公主》不知道被其他媽媽有心無心地讀了多少遍，直到我親口在這樣尋常不過的夜晚，這樣從一個母親的口中用心地讀出。

皇后下令殺死白雪公主，部下不肯，皇后便說：

「不肯就砍你的頭！」

部下沒有辦法，只好對白雪公主說：「妳快逃吧！我會殺死一頭鹿，把牠的心臟冒充是公主的，交給皇后。」

皇后又問魔鏡，發現白雪公主沒死，接著又嘗試了毒梳子、絲帶，最後又精心製作毒蘋果，塗在蘋果上，喬裝成老婦，成功進入小矮人家中毒殺了白雪公主……這個故事打破了以往睡前故事所帶來的那份欲睡氛圍，我在為孩子閱讀的過程當中，自身就感受到了來自故事本身的邪惡與殘忍。

孩子那懵懵懂懂的神情已然被如此心驚膽戰的殺人方法所影響——尤其事先設定白雪公主是個善良美麗的人物角色——儘管這個影響的內涵中有一知半解的猜想，恐懼也有可能被無限放大。

我能用「媽媽不會死的」來安慰孩子幼小的心靈和一個稚嫩的頭腦到幾時呢？在她今後的成長歲月裡，她會以自己的眼睛窺見世間醜惡，實在沒有必要在她還上幼稚園的時候，就把人與人之間仇恨的種子撒到她謀求希望的心田。

那一晚過後，我開始注意故事書一類的訂購，我從孩子身上回饋得出快樂童年的彌足珍貴，一顆幼小心靈如白紙一樣的純淨。

經過朋友介紹，我也買了一臺讓孩子身心啟蒙的點讀機。透過點讀機的定點閱讀，一方面使我從不必要的定點定量睡前閱讀時間解脫——孩子睡覺時間固定，但自己卻

第五章　新手媽媽的新觀察

可能為了工作而無法抽身；另一方面對孩子從更多元的心智啟蒙——音樂、童話、《十萬個為什麼》有聲書、發音啟蒙、名人故事、經典寓言等多種形式來陪伴孩子的睡前時光——超越了人的單一閱讀作用，儘管機器不等同人的情感陪伴，但畢竟有這樣的過渡期，對孩子的獨立睡眠會有更明顯的作用。

一天，正沉浸於PPT製作的我，朦朧中聽到很微弱的敲門聲。打開書房的門，門口的金芒小朋友正光著腳丫，穿著睡衣，一副可憐兮兮的模樣看著我。

「怎麼啦，寶貝？」我輕輕抱起她，摸摸她有些凌亂的頭髮。

「我不想聽『錫兵』（胡桃鉗）的故事，我會哭的。」孩子特意把「哭」字加強了一下。

因為手頭忙碌，也因為點讀機的明顯受益，我沒多想，把那個讓小傢伙「哭」的故事跳過去，然後安撫她睡覺。

之後每間隔幾天，她就會如法炮製，只是由「哭」狀提升為極其嚴肅的憤怒。那憤怒的一張小臉十分肯定地告訴我：她，實在無法傾聽那個「錫兵」的故事。

「那，妳告訴媽媽，妳把這個故事完整聽過了嗎？」

「當然啦，不然我怎麼會哭呢？」她覺得我可能有點不可理喻。

「那這個故事哪個地方讓妳覺得傷心呢？」

「不是傷心，是害怕！我是因為害怕才哭的！」

「哦，哦，媽媽知道了，那妳為什麼害怕呢？」

「因為那個錫兵被人欺負，然後他變強了就開始復仇，很殘忍！」

我從孩子稚嫩的口中一點點了解了事情的來龍去脈，也許讓她恐懼的不是故事的結構安排，而是人與人之間的仇恨，加上點讀機那種附帶配樂效果的強化，自然會對一個不諳人情世故的孩子有所驚嚇。

我有意聽了一遍這個故事，果然如孩子所說，一個平凡的人總被欺負，後來努力變強就展開了各種報復，復仇成功竟然就結束了！對孩子一點都沒有正確的引導，完全不像其他故事一樣有正面指引。

我很驚訝孩子在眾多故事中偏偏就反感這個故事，並能篩選出這個故事。「人之初，性本善」，即便在我們看來並不骯髒的塵埃顆粒，一旦落到一張潔白無瑕的紙上，則汙穢顯而易見。

至此之後，我對孩子的精神糧食更加小心，但凡進入她視聽範圍的資訊，只要在可控範圍內，還是需要選擇一番，力求給她更有營養的資訊。

貼心小語

孩子經由視覺、聽覺、觸覺從外界獲取的資訊會變成內心世界的構成物，從而透過行為表現出來。在家長可控制的範圍內，最好提供給孩子能消化理解的、營養豐富的資訊。一些提供資訊的設備，比如電視，因為垃圾資訊很多，最好不要隨意讓幼兒使用。給孩子的資訊最好是經過父母篩選的，在網路上精選的內容，可以下載下來給孩子看。也可以利用目前的影音 APP 或網站，精選優質資訊給孩子。

「見棺材」是孩子的必要經歷

金芒還在上幼稚園大班時，有一天放學回家告訴我，有一家校外機構邀請她們參加「化裝舞會」，要求女生必須穿著公主裙、戴花冠，而且還要化妝、穿高跟鞋。

我正考慮去哪裡準備這些裝備時，金芒又說話了：「媽媽，我要穿著高跟鞋、公主裙，還要戴上皇冠，然後坐著我的南瓜馬車去。」

「高跟鞋、公主裙、皇冠媽媽還有辦法幫妳弄到，可是南瓜馬車……得找仙女借了，但是媽媽不認識仙女呀，這可怎麼辦？」我假裝很苦惱的樣子。

「那就算了吧，就將一點騎著我的三輪車去吧！」

說實話，我心裡對這個活動有點不太高興：穿公主裙也就罷了，可是有些劣質化妝品不適合小孩皮膚，萬一過敏怎麼辦？更令我反感的是穿高跟鞋，才多大的孩子，扭到腳怎麼辦？

話到嘴邊又吞了下去，女兒正在興頭上，現在說這些相當於潑冷水。還是讓她自己體驗吧！又不是什麼大不了的事情。

之後的幾天裡，金芒每天都在思考自己穿什麼衣服「出席」更好，連看卡通時都心不在焉。

還好「化裝舞會」很快就來臨了。我應金芒的要求替她買了一雙有一點點跟的小涼鞋，然後又幫她穿上了很多層紗的公主裙，最後又為她化了淡妝，戴上了皇冠，金芒才滿意地出了門。

到了機構裡，我看到了一群縮小版的「成年人」，之所以這樣形容是因為每個小女孩都化了妝，有的還化了很濃的妝，並且貼著假睫毛，大大的裙擺讓她們走起路來搖搖晃晃，真擔心會跌倒。

最終這場「化裝舞會」以失敗告終，其中兩個女孩子因為「踩裙角」事件哭了起來，

第五章　新手媽媽的新觀察

哭得假睫毛都掉了下來，滿臉都是黑色的睫毛膏和眼線液。孩子的媽媽起初還站在一旁手忙腳亂地幫孩子整理，後來耐心盡失，便大聲喝斥起來。金芒站在一旁，嚇得大氣都不敢出。

當天晚上回家後，我問金芒：「今天的聚會開心嗎？」

「不開心，」金芒有氣無力地回答我，「一開始的時候很開心啦……但是後來就不開心了。」金芒補充。

「為什麼呢？」我問。

「因為大家都穿著很大的裙子，玩遊戲不方便。後來佳佳還哭了，本來還覺得她今天很漂亮，結果一哭起來臉上黑黑髒髒的，就變醜了。」金芒回答說。

「媽媽早就猜到了這會是一場不愉快的聚會。」

「啊？」金芒抬起頭來疑惑地望著我。

「因為妳們做著與妳們年齡不相仿的事情。高跟鞋、化妝、舞會……這些都不是幼稚園小朋友應該做的事情，妳當然無法從中體會到快樂了。妳看童話中的公主們，不是都長成大姐姐以後，才穿著高跟鞋去參加各種舞會嗎？」

「怪不得我覺得今天穿著這雙鞋，腳丫一直不舒服呢，原來是不適合我！媽媽妳怎麼不早點告訴我呢？」金芒顯然有些不太高興。

「不經歷這些，妳怎麼會知道適不適合自己？」雖然我嘴上這麼說，但是心裡卻想著：老娘就算耳提面命地告訴妳，妳聽得進去嗎？

由於我們自身的經驗，總想在事發前告訴孩子自己已經預設到的事情，以及可能有怎樣的結果，試圖幫助孩子少走彎路。但是，這樣的「劇透」是徒勞的，不僅不利於孩子成長，還會令孩子心生厭惡。

的確，很多孩子小時候可能都很任性，很少把父母的建議放在心上。不過，這些都很正常，三四歲也是孩子的小小叛逆期，任性就說明他們已經有了自我意識，這是走向獨立的開始。我相信，很多家庭都存在這樣「不見棺材不掉淚」的孩子，這說明孩子正開始在獨立思考的發展上，邁向了一個新的臺階。

只有不聽話、見了棺材後，他們才會從不斷的錯誤嘗試中，得到屬於自己的寶貴經驗和教訓。

貼心小語

在沒有什麼大危險的情況下，就大膽讓孩子嘗試吧！給他足夠的空間，不要剝奪他經歷挫折的權利。將來面對更大挫折的時候，捨得讓孩子受苦，才是給他的更深切的愛。

孩子需要家長「犧牲」嗎？

如果留意觀察，就會發現很多家庭都存在這樣的場景：

一家人在一起吃東西，一人分了一份，結果有的家長（尤其是爺爺奶奶）就是不肯吃自己的東西，非要留給孫子女。而孩子呢，本來知道大家是一人一份的，可是後來好東西都來到了自己這裡，就開始滿意地吃起來。

漸漸地，他開始認為，好東西本來就是應該給自己的，家長就應該是為我犧牲的，大家都應該是圍著我一個人轉的。

於是，成年人的「自我犧牲」，最終造就了一個缺乏對別人產生關心的自私的孩子。

在很多家庭中，這個「犧牲自我」的角色通常由母親扮演。尤其是有了孩子之後，有些女性放棄了工作，回歸到家庭中。也許是母性使然，她們為了家庭，為了孩子，任勞任怨，委屈求全，吃剩飯，穿舊衣，把好的資源全都讓給別人，把自己活成小媳婦的樣子。彷彿不這樣，就不配「母親」的稱呼。

終於有一天，這個疲憊的犧牲者爆發了：「我當初為你做出了如何如何的犧牲，而你卻不能……你就不能……」一個長期委屈的媽媽，不會讓自己幸福，也不會為孩子帶來幸福。

對於孩子來說，這樣的愛，令人充滿了壓力和內疚。

是的，犧牲者的背後，往往是失衡，是索求，是控制，他們不懂愛自己，他們自己削弱的自我，需要那個在犧牲中獲得了「好處」的孩子去彌補，如果孩子自顧不暇，哪有這樣的精力和能力去使他們平衡和感到欣慰呢？更何況，孩子已經習慣了不考慮別人的感受。

於是，我們經常看到，老一輩的人內心對兒女不滿，覺得自己為兒女做了這麼多的犧牲，而兒女卻如此地不愛自己、不關心自己。

很多家長甚至認為，如果不為孩子做出「犧牲」，就不是真的愛孩子。

這時候需要我們大家共同探討一個話題。

首先，「犧牲」這個詞原本在古代是指祭祀或祭拜用品；供盟誓、宴饗用的牲畜，聽起來就有血淋淋的味道，這個詞的極致是——死。

在一些特殊的情況下，父母的犧牲是很偉大的，如地震中為了保護孩子而被砸死的爸爸；為了維持孩子生命，寧願讓孩子喝自己血的媽媽……父母用這樣的犧牲換來孩子生存的機會，這是人性中的光輝。

或是那些飽受饑荒折磨的人們，為了讓孩子多吃一口飯，會把自己的糧食讓給孩子，這時候分讓資源也是為了多給孩子一個生存的機會，這樣的犧牲也是偉大的。

而當我們衣食無憂，是否該察覺到我們的犧牲非必要了？

分你的蘋果，你本來也愛吃，但非要留給孩子，難道孩子就缺你那一塊蘋果嗎？你這樣做，不僅主動將自己的地位降低，還讓孩子越來越漠視你的存在、無視你的感受，讓孩子變得自私而冷漠。

「孩子，你吃吧，我不愛吃！你用吧，我不喜歡用。」有些家長為了讓孩子安心理得地享受某些好吃的，故意說自己不愛吃、不喜歡。最後奮鬥了一輩子，孩子也沒能明白你到底喜歡什麼，怎麼去孝敬你呢？

這樣的愛偉大嗎？

有的孩子最終知道真相，可能心生感激之餘，隨後就會背負巨大的內疚：「我對不起……」這樣的愛，真的讓人沉重而有壓力，一點都不輕鬆。

有的父母不是為了自己而活著，活著找不到更高的生存目標，只是為了孩子而活著，也許這是一些「犧牲者」背後更深的原因。

孩子本來可以自己上學，有的爸爸偏要親自接送；孩子本來可以自己煮飯，有的媽媽卻搶過來親自操勞。

「孩子離不開我，沒我不行啊！」當父母一遍遍強化這個觀念的時候，孩子也在接受著這樣的洗腦和控制，表現得真的離不開父母。父母藉由孩子，實現和體會著自身的價值，若離開了孩子，自己活著的價值感從何而來呢？

這種強制性的照顧，忽略了孩子的存在，抹除了孩子的真實需求，只會讓孩子越來越依賴和離不開自己。對孩子來說，就是在阻礙他的成長，限制他的發展。

這種「過度的犧牲」分明是在害孩子，還喊著這麼高尚的口號。

我認識一個媽媽，為了照顧上高中的女兒，辭掉了自己的工作，全身心照顧孩子的飲食起居，同時「管理」她的時間，只要女兒想看一下電視、手機，她就會非常暴躁，覺得孩子是在浪費時間，並且傷害眼睛。她的全部精力都投注在孩子身上，把全部期望都投注在孩子身上，孩子每天在學校壓力已經很大了，回到家還要受到媽媽的嚴格控管，沒有屬於自己的空間和時間，有一天這個孩子終於受不了了，和媽媽發生了嚴重的衝突，甚至動手打了媽媽。這個媽媽如此的「犧牲」是盲目而無價值的，也並不是從孩子成長的角度去給予的。

一個女人，如果自身的價值感是藉由孩子獲得，自己不會幸福，也會使孩子為了對妳負責而承擔上生命不可承擔之重。要清楚正確的順序：我們先是一個獨立的個體，然後再去扮演其他的社會角色，比如媽媽、妻子等。我們首先要承擔作為獨立個體的內在需求，比如工作、社交、自我發展等，有屬於自己的空間，然後再去行使其他角色的責任和義務。

對孩子來說，與其要求孩子，不如當孩子的榜樣。

孩子已經有自己的生命要背負，要他背負父母的生命，對他來說太累了，也是不公平的。

如果一個人不愛自己，那也很難將真愛奉獻給他人。

對孩子好沒錯，但給予孩子好處的時候，一定要先想一想：孩子真的需要我這樣嗎?孩子用得著我們「犧牲」嗎?

貼心小語

現在已經不是「母憑子貴」的年代了，也許古代女性缺乏主體的位置感，總需要借助孩子或者丈夫獲得自身的價值感，所以必須要和這些家人綑綁在一起「共生」。如今，社會已經為女性的獨立開放了條條大路，我們的想法觀念絕不能停留在古代，否則小心被這個時代所拋棄！

給予與接受

「我在街上看到好多漂亮的嬰兒帽呀，太可愛了，我要幫金芒買幾頂！」

「不用了、不用了，金芒有好多呢……」

朋友電話掛掉了，原來她不是來和我商量的，只是來通知一聲的。

由於怕浪費，又回撥了兩通電話給朋友，特地強調了帽子很多，真的不必買了，但是她依然堅持要買。可能她覺得我們只是太客氣了，說帽子足夠只是一個慣用的拒絕詞？最後她還是歡天喜地地買回來了。

事實上，我們真的不需要。

雖然形式上她是為了滿足我們，但本質上滿足的是自己，但那足以說明她心中對我們有愛，她怎麼就沒想到送其他人呢？她最終將愛施加在我們身上，光有這份情誼就足夠了，哪還在乎東西合不合適、需不需要呢？

她想給予我們的愛心就是最好的禮物了，就算她滿足的是自己，難道我們就不能慷慨一點成全她嗎？雖然我們並不需要，但是這時候我們的欣然接受，其實是最好的回饋。

有時候我們表面上看起來是接受者，實際上我們是給予者；有時候我們是給予者，其實是接受者。這兩者交織在一起，有時候真的很難分開。

當了媽媽之後，真的對很多事物有了新的認識，想法開闊了不少。比如對自己母親的認知。

俗話說：養兒方知父母恩。我們接受了父母那麼多年的養育和栽培，卻只有自己當了父母、親自經歷這個過程後，才知道個中滋味。

曾經無意間看到一個故事，給了我深深的震撼。

一個正值青春叛逆期的女孩和母親吵架賭氣離家出走。她在外逛了一天，肚子餓得咕咕叫，可是賭氣出來的時候沒帶錢，她站在一個麵攤前十分猶豫，不停地吞口水，看著熱騰騰的麵裏足不前。麵攤老闆很善良，主動上前跟她搭訕，才知道女孩的情況，就免費煮了一碗麵給她。女孩感激得眼淚都掉了下來，說：「我們又不認識，妳就對我這麼好！可是我媽媽她……竟然對我那麼絕情……」麵攤老闆說：「我才煮一碗麵給妳吃，妳就這麼感激我，可是妳媽媽幫妳煮了十幾年飯，妳有感激過她嗎？」

當老闆這樣問的時候，不僅女孩愣住了、醒悟了，我也一樣被當頭棒喝。在我的青春期，我也像這個女孩一樣與媽媽鬧得不可開交過，記憶中留下了很多媽媽的種種不好，但是對於媽媽的給予和付出，卻缺乏了足夠的認知。

「斗米養恩，擔米養仇。」即當人快被餓死的時候，給他一升米，他會把你當作恩人；可你要給了一斗米，他就會怨你給得不夠多；你若一粒不給，他反而一點怨恨都沒有。人在一連串得到恩惠的活動中，心中的感恩遞減，而減到一定程度時，受恩者幾乎已經坦然地接受了別人的饋贈，並認為理所應當。最後，受恩者提出更多的要求，並在心理上絲毫不覺得有任何不妥。就像我們小時候天天吃父母做的飯，不覺得怎麼樣，但是有一天去外人家，受到一次招待，反而會記憶深刻，念念不忘。

這是長期的接受造成的麻木，長期的刺激造成了感覺上的遲鈍。

在有了孩子、自己當了父母之後，我們才能體會其中滋味，才能真正站在父母的角度看問題。

而這個時候，我們對於父母，剛好也可以轉變角色，從過去的慣於接受，漸漸地學會付出，從而完成一個圓滿的循環和平衡。

全心付出，坦然接受，我想這是最美好的親子關係循環。在這個鏈條中，我們既給予，又收穫；既收穫，又給予。有父母，有兒女，上有來處，下有延續，不僅與父母之間形成一個愛的循環，與孩子之間也能形成一個愛的循環，我們身為這個循環中的一分子，想想，多麼有使命感！

貼心小語

所謂「子欲養而親不待」的遺憾，就是接受過多，卻未曾很好付出的遺憾，父母未能給我們一個圓滿自己的機會。一個長期受恩的人終於有能力回報時，施恩者卻不在了，無法完成這種由被動變成主動、從弱小的接受者到強大的給予者的轉變，終究有欠債的負疚感。

成年人的四歲孩童思考

小孩子的想法真的很有意思。

在很多種顏色中，我若指著粉色對四歲的金芒說：「啊哈，我喜歡粉色。」她就會對我氣急敗壞地說：「妳不能喜歡粉色，那是我喜歡的！」後來有一次，我帶金芒和另一個小朋友讀故事書的時候，金芒先指著一個頁面的粉色和紅色的花說她喜歡，結果，那個小朋友同樣也急了，氣憤地放棄了選擇的權利，因為她也喜歡那兩朵花。

在孩子的簡單思考裡面，是不能與別人共同喜歡一樣東西的，好像是你的就不能是我的，若是你的，就被你獨占了，我無法擁有。

1.導致成人四歲孩童思考的原因：競爭

這種認知看上去很可笑，可是在一些成年人身上，卻也能看到這樣的思考方式。我們先做個測試：

同樣考大學，人家考上了頂大，你考上了私立，相較之下，你會真心為對方祝福嗎？

同樣的工作同事，人家順利升遷，你卻還原地踏步，比較之下，你會真心為對方祝賀嗎？

同樣的朋友關係，人家結婚生子，自己依舊是個單身狗，比較之下，你會在看到對方秀恩愛後真心替對方感到喜悅嗎？

如果你說：我會呀！那看到這邊就可以先跳著看下一小節了，下文不再適合閱讀。

如果你想到類似的情境會有一絲絲的酸澀、一絲絲的不爽，那就需要一起想想原因了。

原因就是因為「比較」！

我們從小被家長拿去與其他孩子比較，被老師拿去與其他同學比較，除了唸書之外，我們難以有更能產生成就感的事情，於是，我們的快樂建立在「因為資源有限」而產生的「競爭」的基礎上。誠然適度的競爭會激發我們的活力和自身的潛能，但是如果把競爭當成獲取快樂和成就感的唯一途徑，那麼勢必會造成與競爭對手的敵我矛盾和鬥爭，如果對手勝利了，就意味著自己的失敗和無能，如果對手失敗了呢？自己的快樂片刻後就會被更大的競爭、更強的對手所淹沒，於是，生命就在這一輪輪的比較和競爭中走向終點。

這種比較如果擴大，就成了與所有的人比較，只要承認別人在某方面優秀，就相當於批評自己在這方面的低劣，因此怎麼能祝福別人，怎麼能獲得真正的友誼和感情呢？

於是，這條路越走越窄，越走越冷，越走越孤獨，最後走到所謂的高處不勝寒。迷失在競爭和對比中的人生缺乏真正的快樂，因為總有比自己更強的人，虛榮心、壓力常使得人身不由己。在同學會上，這種情況表現得更為明顯，同學們的情緒中充滿了不如人的自卑和沾沾自喜的優越感。

為了比較，為了證明自己比別人強，就陷入了不斷「奮鬥」的人生迷局，踏實平靜的快樂何時能屬於自己呢？不僅自己無法快樂，恐怕內心會越來越陰暗。就好比一鍋被煮的螃蟹，終於有一隻能夠爬出鍋外，卻被同鍋的螃蟹拉回來，因為牠們無法容忍這隻螃蟹「成功」。

2.從「競爭式快樂」向「條件式快樂」、「無條件快樂」轉變

我的一個高中同學因為參加電視臺的歌唱比賽節目，引發了同學們的話題，他的參賽感言很單純：「過去我提個包包就來到這座城市，如今，我有了屬於自己的房子、車子、孩子，我很滿足了。現在就想做一些讓自己高興的事情……」

我這個同學來到這裡不為競爭，而是為了參加節目表達自己的一些情感，表達完，就已經完成了心願。雖然他可能依然為了瑣事而在生活中奔波，但是他不會迷失在別人的生活中，他知道如何滿足自己，如何讓自己快樂。

達到自己的目標，就很快樂，這是「條件式快樂」，這樣的快樂建立在自己對自己的期望上，自己也具有掌控感，而非建立在不斷需要挑戰的別人身上，這樣的快樂更踏實，更容易獲得。

無條件快樂則更需要修練到人生的至高境界，無條件快樂的人享受每一個當下，心境平和，充滿了感恩和愛，生命中沒有衝突、仇恨等負面的情緒，我想這是佛的境界，是我們畢生修練的方向。

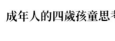

3．資源是無限的

造成人們惡性競爭的重要認知是：因為資源有限，所以必須競爭。這樣的信念應該是來自遠古時代，我們以捕獵、採集為生的祖先，那時候競爭不到食物就會直接面臨餓死的命運，之後一代代地遺傳到我們的基因裡。可是社會發展到現在，我們被餓死的機率是很低的，但是為什麼還要如此瘋狂地競爭呢？多元、適性入學改革喊了很多年，依然無法化解人們對成績及頂尖大學的迷思，大學生就業困難讓初出社會的年輕人覺得要更加提高競爭力才能生存，於是又延續了「競爭」這種生存模式。但是「競爭」帶來的快樂更加難以獲得了，這樣的話，人們怎麼能快樂起來呢？

我們小時候都擁有很強的快樂能力，自己能控制大小便了、能爬到更遠的地方了，自己會吃飯了、會穿衣了，這些都會帶來很大的快樂，玩耍的時候可以在太陽下晒好幾個小時，探索的勇氣可以讓我們無所畏懼，真摯的情感沒有沾染任何私心雜念。我們的快樂都是自發的，源於自己的，無條件的。但是長大後，在充滿比較的教育環境和社會文化影響下，我們失去了這種才能和快樂的能力，變得越來越不快樂，很難笑出來，變得壓力重重，最終不知道自己要走向人生的哪裡。

小時候，我看自己的家是龐大的、擁有無數資源的；稍微大一點，我看著社區，覺得這裡有許多未知的寶藏和祕密；再大一點，我認識了整個鄉、整個縣，同樣有太多未曾探索的地方；帶著這樣的想法，我走向了市區、首都，卻越來越覺得可以利用的資源很有限，自己的活動空間越來越小。現在我明白了，那不是資源有限、空間狹小，而是因為自己禁錮了自己的心。我們對外界了解多少呢？對其他都市、鄉村、其他國家、整個地球、整個宇宙了解多少呢？

4.掌控自己的人生，將資源為自己所用

如果我們從小被教育要「做自己」，而不是與別人競爭表現優秀才是「好孩子」，或許我們就不會偏離幸福的人生那麼遠……不過現在醒悟還不算晚。

想想自己到底想過什麼樣的生活，要當什麼樣的人？想想自己未來的墓碑上想刻什麼內容？你想後代怎麼評價自己呢？朝著死亡生活或許更能激發我們對人生目標的思考，從而將自己的人生調整到追求自身真正幸福的道路上來，而不是迷失在別人的生活中。

資源是用來發展和壯大自己，並且實現自己的人生目標，而不是用來爭奪的，如果每個人都能從競爭中抽出身來，轉向自身的真正幸福，那麼，這個社會的嫉妒感將大大降低，人際關係也會變得美好，人們的快樂和幸福的程度也會提升。

5. 幸福快樂的人更有競爭力

從競爭中抽身，不是不要競爭，只是不要將自己的快樂全放在「競爭式快樂」一條途徑上，競爭是能帶給我們快樂的，但是卻不是唯一的。

擁有自己的夢想和人生目標的人，不論唸書和工作，都會快樂地享受每個當下，因此心態更平穩，遇到競爭時，競爭力也會更強，而且這樣的人更注重享受過程，結果只是附加的，這要比那些為了達到「制勝」目標的快樂而犧牲掉過程，整個過程都充滿焦慮和痛苦的人更能擁有高品質的人生。

貼心小語

當我們每個人都為自己的夢想而活，而不是為了「比較」而活時，我們的人際關係會更加健康，我們知道自己的核心價值是什麼，我們為自己的獨特而感到自信和開心，別人的成功並不意味著我們的失敗，那只是他個人熱情、意志的展現，我們可以讚賞別人、祝福別人，並從別人的成功中汲取更大的熱情和意志來完成自己的目標。那麼，我們的人際關係也會走向和諧和雙贏的美好狀態。

考驗EQ的「對孩子講道理」

晚上睡覺前，我通常都會和金芒進行「睡前談話」，希望藉由這樣的溝通方式了解她的世界發生了什麼有趣和煩惱的事情，積極鼓勵言行優良的地方或者及時疏解不良情緒。

因為在床上的這段時光不受外界的干擾，耳朵聽到的資訊比較專注，因此我也會把握這點時間對金芒灌輸一些自認為最重要的資訊。人生的經驗和智慧不傳承給下一代，豈不是最大的浪費？精神的財富遠比物質的更重要呀！

有一次，我們的溝通話題聊到了「自己最不喜歡的事情」這個主題。

「金芒，妳自己最不喜歡的事情是什麼呢？」我輕聲問一旁的女兒。

「我呀！我最不喜歡的事情就是聽妳講大道理了。」小傢伙幾乎是不假思索地回答我。

我大腦開始快速回想我對她講大道理時的情形，基本上是前幾句她還算是能聽得進去，後幾句就多少顯得有些敷衍了。為此，我還曾多次責備她態度散漫。

看來，這不是態度的問題，而是人家根本就不喜歡我的大道理啊！不喜歡又怎麼會接納呢？看著睡眼有些朦朧的女兒，我開始思考：當發現孩子言行不當，究竟該以怎樣的方式讓孩子接受批評才恰當？

假期的一天，我帶著金芒去剛剛開業的遊樂場玩耍，因為想騎上同一隻旋轉木馬，金芒與另外一個年紀比他小的女孩爭搶了起來，因為搶不過，那個小女孩便放聲大哭。我連忙走上前勸阻金芒，希望她能夠將這個小木馬讓給小妹妹，但是金芒的硬脾氣也上來了，昂著小臉對我說：「是我先搶到的。」我對她講「尊老愛幼」的美德，她卻以「先來後到」的道理回嘴。就在我不知道如何是好的時候，小女孩的媽媽走了過來，我們彼此尷尬地笑了笑，小妹妹被哄著帶離到其他區域。

回家的路上，我就一直在思索怎樣將「愛幼」這個道理輸送到女兒的腦海裡。晚上，女兒拿著書，請我講點讀機裡沒有的新故事給她聽。我靈機一動，不如就即興編個故事吧！

故事的內容是一個最初不知道禮讓其他小朋友的小豬，在大樹伯伯的啟發下，變得懂得禮讓，然後成為了森林裡最受歡迎的小豬。故事講完後，金芒似乎想起了白天的行為，立即向我承認錯誤道：「媽媽，我今天不應該跟那個小朋友搶木馬，因為搶木馬的孩子沒人會喜歡，媽媽就不會喜歡我了。」

看著目的已經達到，我一把摟過女兒，笑著說：「不會的，媽媽也許會因為妳的這個行為而生氣，但是絕對不會因此而不愛妳。妳是我的孩子，我會永遠愛妳。」

聽到這話，金芒放心地睡去了。這次，金芒沒有對我所想表達的道理表現出反感，因為「道理」是她自己總結出來的。

但是隨著金芒年齡的增長，她的辨別和溝通能力不斷提高，一旦類似的狀況發生，她就會提出抗議：「媽媽，妳又在講大道理了！」

講道理有錯嗎？我是想把我的人生經驗傳給她呀！怎麼這麼不愛接受呢？

難道講道理是一種無效無用的溝通方式嗎？

帶著育兒路上的疑問和自身成長的困惑，我又繼續學習心理學和教育學，後來在學習心理諮商師的職業技能時，我從心理諮商師的溝通技術中悟出了門道。

心理諮商師在對來訪者的溝通中，只會鼓勵來訪者不斷進入自己的內在，自己去探索，去整理，去總結，是幫助來訪者自己成長，而不是代替對方成長。每個人因為感受認知的不同，對解決同一事物所具備的資訊資源不同，所以每個人都是一個獨立的世界。當面對自己的世界時，只有自己才知道應該陳列哪些前提資源去解決問題，這也是外人所不可能替代的。就算我們的資源比對方多，幫助對方達成了目的，但是因為過程的主體解決人不是對方，這種解決對於對方的成長也沒有任何的幫助。

對於來訪者如此，對於孩子的教育也是如此呀！

溝通的核心技巧是：要讓溝通對象處於溝通的主動位置，如果想令對方吸收自己想要傳遞的資訊，最好用「自我引導」的方式，只說自己對於此事的經驗，不期待對方接受，如此，對方處於主動的狀態，才會在保護自尊的前提下參考別人提供的資訊，決定接收還是不接收。

哦，對不起，我又講大道理了！不過這一次是講給我自己的，是我明白了這個道理！

不過，從事後反省到事前就能有意識，還是需要長一段的自我訓練才能完成的，習慣養成尚且需要二十一天的每日訓練呢！這種思維、溝通的訓練由於不是每天都會出現，所以修正起來更加艱難。

有一次，上了小學的金芒在吃飯的時候無意間冒出一句：「媽媽，我不喜歡我們的美術老師」時，我的第一反應是要對她講應如何「尊師重道」，應用什麼樣的態度面對讀書這樣的大道理，可是話到嘴邊，我一下子意識到了。

於是，我把這些大道理吞了回去，不再先入為主地評價孩子的想法是對是錯，而是假裝漫不經心地邊夾菜邊問：「是嗎？為什麼呢？」

「因為她說我在細節上不夠認真！」金芒氣鼓鼓地答覆我。

「這很正常。媽媽在當學生的時候呀！也有不喜歡的老師。」我抓住時機，趕緊與孩子產生「情感共鳴」。

這招果然管用，金芒連忙追問道：「那妳是怎麼做的？是不是想辦法把她給氣走了？」

在女兒滿懷期待的眼神中，我搖了搖頭：「我當時確實想故意氣她。可是，我後來仔細想了想，那個老師教的是國文，而國文是我最喜歡的課，如果我惹她生氣，就不能好好學國文了。」

看女兒聽得很認真，我趁熱打鐵說道：「既然學國文才是我的目的，老師又是教我國文的人，我還是得多找找她的優點、盡量喜歡她才能好好上課。」

看她依然沉浸在我的故事，我就更加深入一步：「後來呀……」我故意停頓下來。

「後來怎麼樣呢？」女兒果然主動提出想繼續聽的渴望。我心裡暗喜：這次吸收率很高！

「我發現我也沒有那麼不喜歡她，只是因為她比較嚴肅，對大家要求比較嚴格，但是她也很認真，對每個人都能認真又詳細地指導作文。」

「最後呢——」我又故意喝了一口水，半天不說話。

「最後妳怎麼了?」女兒按捺不住了，又問。

我斜眼觀察女兒的反應，慢悠悠地說：「最後，我發現其實每個老師、每個人都有他們自己的優點，如果多看對方的優點，就能從他們身上學習到更多的知識和本領，這對我們來說有利無害。」

「嗯，媽媽，妳說的好像很有道理。」小傢伙回答得很輕，但是態度很認真。

「那妳打算怎麼辦呢?」我問金芒。

沉默了一下，她抬起低著的頭，說：「其實，美術老師對我也不錯，上次美術課，她還把我的作品給全班同學看呢!」

「是吧?說不定還能發現更多關於美術老師的優點呢!不信妳以後找一找。」我笑著建議道，接著說，「我記得當初我討厭的那個老師，在發現我成績下滑後，不但沒有罵我，還特地為我開課後輔導呢!」

果然，距離這次談話不到一週的時間，金芒就向我表示：她不再討厭這個美術老師了，而且還發現了很多老師身上的其他優點。

對於講道理這件事，我曾認為這是EQ低的媽媽才會做的事情，因為自己在這種溝通中一再碰壁，令孩子反感。但是後來我發現，並不是沒有用，而是我們不會用。與孩子溝通的祕訣在於先給予孩子理解和肯定，先聽聽孩子的心聲，再站在孩子的角度上去看待這個問題，最後再提出自己的建議，這樣講「道理」，父母才能好好地把自己的經驗傳達給孩子。

這是我總結出來的道理，你聽得煩了嗎？

貼心小語

「不憤不啟，不悱不發。」孔子在教育學生的時候都會遵循這樣的教育規則，當孩子自己沒有主動性的時候，對他說再多有智慧的道理也是沒用的，因為沒有銜接上孩子的思考模式。「道理」只是我們家長自己的人生總結，盲目地塞給孩子，也不管他能否接收，這樣是沒有用的。

家有小畫家

金芒從小就對色彩和結構比較敏感，剛會坐時就捧著一本彩色的書咿咿呀呀地唸個不停，手指頭還不斷對著書指指點點，若是不讓她停，她自己能坐在那裡唸叨個大半天。

這種敏感性隨著年齡的增長而愈發明顯，所表現出的具體形式便是：床頭前滿牆的各色塗鴉、各類書籍封面上色彩濃郁的粗細線條勾勒、房間各角落需要蹲在地上才能辨析的神來一筆……

有一天，我正在整理房間，看見小傢伙故意往茶几上倒水，那可是我剛剛擦過的呀！憤怒的小火苗一下子竄上來，我不禁大聲喝道：「妳又在搗蛋！」

說完，理智就上來了，告訴自己要息怒，息怒，息怒，孩子可能有她的原因，不能看到表象就主觀判定哦！

「媽媽妳看，玻璃上有好多美麗的顏色！」女兒還專注地沉浸在她的發現裡。

我走過去一看，沒看到什麼，只是看到好好擦乾淨的茶几玻璃上有一灘刺眼的水漬，我又試著蹲下去，像女兒一樣趴在桌面上，忽然發現這灘水折射出的太陽光，像彩虹一樣呈現在水面上，果然很美很美。

終於明白了：想要保持孩子的創造性和對藝術的熱情，就不要在意房間是否雜亂，這永遠是一對不可調和的矛盾，尤其對於幼兒階段的孩子來說。

於是，餐桌上、茶几上、床邊、地板上，時常見到金芒的隨意之作，畫紙滿天飛，有時候還有小紙屑上的畫作，不知道哪裡還藏著一個手工藝品。

實在看不下去的時候，我會趁她不注意時趕快清掃一些，偷偷扔進垃圾桶。可是有一次被她發現了，她拿著從垃圾桶裡搶救出來的作品，義正辭嚴地對我說：「妳把我最好的作品給丟了，以後我可能再也畫不出這麼好的作品了！」

唉，房間有限，實在沒地方收藏這些大作呀！

幼稚園中班起，金芒每個週末都會上社區的才藝班，於是，她的作品越來越多了。

「媽媽，這次我畫的是海底世界。」一次，我去接她回家，女兒主動向我介紹作品主題。

「哦？可媽媽怎麼只看到三隻海龜，其他動物怎麼沒有呢？」我適當地提出了我的小小質疑。

「我畫的是三隻海龜在海底散步，牠們是一家人在散步，沒有遇見其他動物。」聽起來似乎很有道理。

我還看到畫幅的右上角寫有「我愛你」三個字，僅僅「你」字還算結構正確，「我」和「愛」兩個字都是錯別字，「我」寫成了「找」，「愛」變成了「受」。

為了不打擊她，我就沒有明講，但還是在內心對這兩個錯別字默默遺憾了半天：把這兩個字寫對，不就完美了嘛！

第五章　新手媽媽的新觀察

「對了媽媽，老師說家長可以在下次上課的時候去聽點評。」女兒突然想起要事，和我補充。

「點評？什麼意思？」我還有點小緊張起來了呢！

「我也不清楚，就是讓爸媽更了解小朋友，老師是這麼說的。」孩子已經一蹦一跳地跑開了，這對她來講不是什麼重要的事情。

新的週末來了，算著下課的時間，我正準備進入孩子的教室，發現敞開的教室門外，已經高低站滿了等候孩子下課的家長。

當眾人聽到美術老師拍一拍手的聲音，然後示意大家悄聲進入的時候，我也被人群裹挾進來。

我湊到孩子的桌子一角，女兒還沉浸在作品的最後修補當中，並沒有被忽然湧進來的人群所打擾。

正發呆時，老師走了過來，站在女兒身後，一邊看著女兒在那裡繼續塗抹，一邊和我交流道：

「金芒今天畫的是自己的媽媽，您應該也看到了，孩子眼中的媽媽形象就呈現在這張畫紙上。」

什麼？媽媽？天啊！我有那麼醜嗎……我心裡暗暗叫道。看著眼前這幅頭大身體小的自己，臉上還要裝出很欣賞的微笑。

「在這次的繪畫中，金芒表現出了獨特的觀察力，特別突出了媽媽眼鏡的鏡框顏色和媽媽左邊嘴角的黑痣。」聽到老師的點評，周圍的家長也投來目光，低頭看看女兒的大作又抬頭看了看我。

很自然地，女兒這次的努力有了效果，受到了大家的肯定，我也暗自開心起來。

「而且，金芒上次上課的繪畫作品《海底世界》也讓大家留下了深刻印象，我們正準備徵詢您的同意，把這幅作品掛在我們新校區的作品展示區。」老師補充說道。

「老師，您說的《海底世界》就是三隻烏龜——啊不，三隻海龜在海底散步的那個？但她把『我愛你』寫成了『找受你』呀！」我急忙和老師確認。

「是的，但那幅作品表現了孩子最大的愛。金芒跟我說她的海底世界的三隻海龜其實是一家三口的比喻，牠們在海底悠閒地散步。她的靈感來自你們晚飯後三人總下樓散步的生活題材，這表現了孩子對生活的感悟和敏感捕捉，也表達了最真摯的愛，這些強於任何技法……」看得出，老師也被這樣一個孩子所呈現出的愛意所感染。

老師這些話令我有所深思。

回家之後，再次翻出那張《海底世界》，再次細細體會有兩個錯別字的「我愛你」所帶來的那份愛意。女兒跑過來，看到我正拿著她的畫，抿著嘴問道：「媽媽，我是不是畫得很好呀！」

我一把抱起孩子，親親她的鼻子、額頭和胖嘟嘟的臉蛋，由衷地肯定道：「寶貝，妳確實畫得很好，好到超出了媽媽的想像。」

的確，女兒的畫突破了我作為成年人固執的「正確觀」和「審美觀」，引導我透過簡單的表象看到更為深入的內涵，孩子的畫也讓我看到了自己在孩子成長中投射出的急躁，她正在真實展現這個年齡層最純真、最美好的一面，這才是最寶貴的東西呀！

貼心小語

成年人往往在意結果，急功近利，而孩子在意的是過程中的美好，這是成年人與孩子之間明顯的不同；從家長的視角去審視孩子的世界，這又是造成親子之間溝通不良的根本原因之一。

第六章　父母與孩子的關係

父母給孩子的終極禮物

金芒剛上了幼稚園兩天，第三天早上就縮在沙發角落，說什麼也不肯穿衣服去上學，還找各種藉口，不成便耍賴：「我就是不去！」

哄了半天，我的耐心正被蠶食。

我壓下心中的怒火，有些不悅地問：「妳為什麼不去幼稚園呢？」她不說話。

強迫式也使用了：「妳必須去幼稚園！」

孤立式也用上了：「爸爸已經上班了，媽媽也要出門了，這樣家裡就只剩妳一個人哦！」

金芒還是在沙發不停哭，我的心一下子軟起來，開始反省自己：虧自己還是心理諮商師呢！怎麼到了實際生活就沒能應用所學呢？怎麼還在使用這些暴力性質的語言呢？對於有負面情緒的當事人，首先要有同理心、同理心啊！

我深吸一口氣，讓焦躁的自己平靜下來，緩緩來到她身邊，將她摟在懷裡，溫柔地再次問她：「寶貝，妳是不是在幼稚園生氣了？受委屈了？不開心了？」我盡量使用她能理解的情感情緒詞彙。

金芒一下子大哭起來：「小朋友們都有木馬騎，就我一個人沒有！」

我的心一下子被揪了一下，原來是這樣啊！後來我從她片段式的描述，加上我的想像大致還原當時情況：幼稚園一下課，小朋友們嘩啦一下衝出去，都找了一個遊樂設施玩，金芒反應比較慢，等她出去時，已經沒有空著的設施，只好一個人呆呆站在旁邊。

看到別人開心地玩，自己卻沒有玩的東西，那感覺真的很受挫、很失落，如果小小的我遇到這樣的事情，確實也很難過啊！

我幫她擦擦眼淚，對她表示深深的理解：「媽媽如果是妳，也會很難過的！別人都有玩的東西，就自己一個人沒有，那真的不好受！不過，這時候妳應該怎麼辦呢？」

「不知道。」

她沒辦法自己想到，我只好為她提供多項選擇了。

「妳可以和小朋友們商量『輪流玩』啊（這是她看卡通學會的，明白這個意思），也可以找老師，請老師幫忙（「請……幫忙」她也學過），讓老師幫妳找個木馬騎啊！」

金芒的情緒果然有了好轉，開始慢慢穿衣服了，路上，我為了進一步表達同理心，還編造了一個故事：「媽媽我呀，剛上幼稚園的時候，因為不熟悉小朋友，也不熟悉那些環境，也是很不願意去的，那時候我也和我媽媽說『我不去，我不要去！』我還哭呢！後來和小朋友們成為了朋友，我就喜歡去幼稚園了。」我一邊和她說一邊做著誇張的動作，金芒聽了我的話來了興致，她沒想到看似強大的媽媽也有過和她一樣的感受，開始笑了，不斷和我說：「媽媽上幼稚園也哭啊？」其實我小時候根本沒有上過幼稚園……但這是善意的欺騙，為了求好結果就先不要在意形式了。

穩定好她的情緒，我蹲下來很認真地對她說：「金芒一個人在幼稚園看不到爸爸媽媽會有點害怕，但是金芒妳要知道，就算爸爸媽媽不在妳身邊，也會替妳加油的！我們都在對妳說：金芒加油！」說完這話，我感覺到自己鼻子有點酸，好像把自己感動了。

下午接金芒回家，她一看到我就高興地跑過來，第一句就說：「媽媽早上說，就算不在我身邊也會幫我加油，謝謝媽媽！」

哦，被她這麼一說，搞得我眼淚都要流出來了！心情好複雜……

是啊，人生的路那麼長，媽媽哪能時時刻刻都在妳身邊陪伴妳，幫妳剷除各種問題呢？我只能教妳解決問題的方式，並永遠給妳鼓勵和支持。

忽然想到人生是多麼無常，變化會持續下去，包括一個人，身上的細胞每分每秒都在進行著大量的代謝和更新，人類也時時刻刻經歷著「生」和「死」。

那麼永恆不變的是什麼呢？那就是精神和信念。

曾看過一部電影，裡面主人公一個至親的人去世，但她已經不感到失落和缺失，因為她能感到對方的精神在陪伴著自己，時時在天上看著她、愛著她。

當媽後的我終於懂了這層含義，希望我的女兒未來也能有這樣的體會，不論媽媽在不在她的身邊，無論活著或者死去，精神都會一直陪伴著她，讓她不會感到孤獨和害怕。我想，這就是父母送給孩子最終極的禮物了。

但是，讓一個人擁有這樣的信念並不是件容易的事情，因此，從小就要對她說出來，用實際行動不斷證明給她看，一直強化下去，直到她確信無疑，這樣，即便是父母已經不在人間，孩子的內心也會很充實豐盈，被愛永遠滋潤，內心一直有一個可以依賴的故鄉。

貼心小語

父母愛孩子是天性，從這個角度來說，每個父母都是愛孩子的，但是這樣的本意傳達給孩子時，孩子是否能接收得到？這在於我們要明白真愛以及愛的正確方式。畢竟，愛與不愛是由接受者決定的。這中間的過程，是需要我們終身學習的，因為做父母是一輩子的事情。

父母和孩子只是「校友」

成年人經歷過的一些事，會因為當下的感受而形成自己的認知，這就成了僵化思維，成了自己的真理，而本人完全不知道自己已經畫地為牢。

比如我對社區裡的一隻小白狗印象就不怎麼好，因為有一次牠突然「汪汪」一叫，嚇出我一身冷汗，我不知這條狗的任何故事，只是模糊記得牠那個面孔嚴肅的女主人而已，所以我就把這條狗定義為壞狗。

晚飯後在社區的花草灌木叢中散步，是我和孩子經常做的小運動，與這隻貓那條狗或好或壞的「事故」便成了我經常在女兒面前講的故事，女兒在我漫不經心的言語中時而驚恐時而嬉笑，似乎深深被我的那些小故事所吸引。

「媽媽，我們能去森林散步嗎?」幼稚園中班的金芒在吃過這一天的晚飯後，主動徵詢我的意見。

「什麼?去『森林』散步?」我有些緩不過神來，不知女兒口中的「森林」所指何處。

「我們不是經常去『森林』嗎?妳怎麼忘記了呢?」女兒的眼神也滿是奇怪地望著我。

「那……那好啊，妳當媽媽的嚮導吧!今天換妳帶媽媽去『森林』散步。」我以我能想到的辦法來擺脫這樣的疑惑。

於是，小響導和她的唯一隊伍中的我這個隊員就一前一後地下樓出發了。

一路上，小響導很積極地在前面帶路，我則一半認真一半悠閒地與偶然路過身邊的熟悉朋友打招呼。

「媽媽妳看，這是森林的入口！」小傢伙抬起右手臂，伸出右手食指，指向右前方。

「哦？」我低頭——真的是低頭仔細觀察後，不及我身高的灌木綠化牆映入眼簾。

我一時腦袋短路，怎麼這就成了孩子眼中的「森林」入口了呢？

「金芒小朋友，身為一名響導，妳能告訴我，為什麼這裡是『森林』入口呢？」

「因為這裡樹很多，所以叫森林啊！而且……而且森林的意思就是樹很高大！媽媽妳看，我抬起頭都看不到那邊是什麼。」

我一下子明白過來，果然，以她的角度來看，這是個無比高大的「森林圍牆」，想必對於「森林」這個詞彙的理解，是來自睡前的點讀機或其他小朋友家的《十萬個為什麼》之類的啟蒙書吧！

「那好，就請這問響導帶我夜遊森林吧！」我加重了認可的語氣。

「嗯，森林裡有很多神祕的東西，要特別小心哦！」小響導特別叮囑道。

在接下來的「森林之旅」中，小響導帶我觀看了某個角度的高樓大燈投射到半空中所形成的獨特光影；趴在爛掉的老樹根旁，傾聽密密麻麻還在爬行的黑螞蟻的對話；在一直不見歸鳥的鳥窩所在的那棵樹下，聽她講了一則動人的，小鳥去尋找失蹤媽媽的故事。

因為社區的綠化面積很大，所以這片「森林」地帶真的裝滿了神祕，這是我們身材高大的成年人所看不到的世界。

當我們一前一後從「神祕森林」的另一個出口走出時，月光下，一隻捲毛小白狗忽然奔向我們。

「哇，金芒妳看，這就是媽媽和妳說的那隻小壞狗！」我開玩笑地對金芒介紹這隻沒好印象的捲毛小白狗。

金芒聽罷，也緊張地躲到我的身後。

「我的寶貝從來不咬人的，她是喜歡妳，才拿鼻子磨蹭妳的腿。」不遠處，拿著狗項圈的一個中年女性邊走邊和我們解釋，笑聲很快就解除了小嚮導的緊張感。

金芒從我的身後挪到身前，一下走上兩步去親近小白狗，一下又略帶緊張地退縮回來。很快，我就從她更加從容的腳步站定和不時的彎腰逗趣中，感覺到她的興奮和滿足。

我們與小白狗和牠的主人愉快告別時，金芒還依依不捨地回頭張望遠去的小狗的影子。

路燈下面，我和女兒的影子疊加起來，忽然沒了現實層面的大小之別，恍惚間，我突然發現：孩子眼中的森林即是她眼中的世界。

而像小白狗之類的事物，被成人大腦加工後灌輸給孩子，才真正成為需要擔心的噩夢。

這樣主觀的判斷事物，並以真理的方式傳遞給孩子的事情有多少呢？想想好可怕！

「媽媽，剛才那隻小白狗和妳之前說的小壞狗是同一隻嗎？」女兒在上樓時忽然問我。

我聽了，知道女兒開始把過去我所傳遞給她的資訊和她本身的感受作對比分析，但我忽然不知如何回答這個尷尬的問題。

「妳覺得這隻小狗怎麼樣呀？」

「很可愛啊！我很喜歡牠。」

「那這隻小狗給妳的印象就是可愛。牠這次給我的印象也是這樣，但是上次因為牠忽然汪汪叫嚇了我一跳，所以我有點不喜歡牠。不過對小狗來說，遇到陌生人汪汪叫也是一種本能，不能說小狗不好。」

其實小狗還是那隻小狗，本身無好無壞，我之前是在用自己的主觀感受定義牠，這實在有失偏頗，我趕快把我給她的錯誤想法作補充修正。

身為媽媽，我很想將自己認知的「智慧」傳承給孩子，但是經驗是無法複製的。一個晚上，孩子就帶領我看到了她所感受的「森林世界」和「小白狗」，而這和我先前的感受完全不同。

相比之下，我的世界不僅枯燥乏味，還有諸如對小白狗這類事物的簡陋認知，遑論傳承二字！

在「生命」這所大學裡，自己和女兒永遠是「校友」關係，別老是自以為可以當人家老師，或許不「傳承」更有利於孩子發展更為廣闊的認知。

親子之間只能相互交流不同的經驗，尊重彼此的差異，拿著自己有限的經驗灌輸孩子，是對孩子最大的禁錮。

貼心小語

在這個隨便上一下網就可以知曉無數知識的時代，父母腦中的資訊顯得更加有限。過去的年代，資訊獲取的方式很少，父母的經驗容易被孩子不加批判地吸收；

但是現在，孩子們可以透過很多管道獲取想知道的資訊，並且能看到各種專家對此事的看法，父母的權威性受到挑戰。在這樣的社會背景下，父母還妄想高高在上地指導孩子，恐怕是不現實的。

自己是自己，別人是別人

早餐時間，餐桌上有稀飯和豆沙包，但金芒只喝了半碗稀飯。

「寶貝，來吃塊豆沙包，豆沙很甜哦！」我不禁建議道。

「我不要。」她低頭繼續喝稀飯。

沒過一分鐘，我又來了：「寶貝，來吃塊豆沙包吧！只吃稀飯吃不飽……」

「媽媽，如果我老是讓妳吃妳不想吃的東西，妳會怎麼樣呢？」眼前這個還沒過四歲生日的小女孩，眼睛一眨一眨地，嚴肅而安靜地盯著我，嘴裡清晰而有邏輯地蹦出這句提問。

「我……好吧，妳不想吃就算了。」一種意識到自己控制和強加的慚愧之情油然而生，雖然那是出於好意，但女兒已經懂得反抗，並且她沒有像其他同齡小孩一樣，在表達不滿時展現出激動和不耐煩，而是用如此溫文儒雅、不慍不火的方式，並且「引導」

第六章　父母與孩子的關係

我換位思考她的感受。

吃完早餐，快上電梯的時候，我催她快戴上那頂粉色的帽子，她又提出了自己的想法：「我不想戴帽子。」

「外面很冷，快戴上！」我又著急了。

「媽媽，如果我總是叫妳戴帽子，妳會怎麼樣呢？」天啊！她看這招好用，又來了！

但我知道她說這句話是有根據的。

我有一件粉色的帽T，當我坐在沙發上看電視的時候，她總是把我帽T後面的帽子掀起來強迫我戴上，搞得我什麼事都做不了。我曾針對她這一行為表達憤怒。

現在她竟然用我當時的態度來對付我了！

「那不一樣，我在屋子裡，又不冷，不需要戴帽子。而且，媽媽本來在看電視呢！妳的行為讓我一直被打擾，我才會不高興。可是現在外面很冷，妳不戴帽子可能會感冒。那妳自己決定吧！戴還是不戴？」

我知道得尊重人家的選擇了，也有了她就是不戴帽子的心理準備。

「那好吧！」金芒思考了一下，終於下了決定，進行了選擇。

晚上，我們去大賣場購物。忽然想到應該幫孩子添一套冬天的衣物了。於是，我們來到童裝區，出於對孩子想法的「尊重」，我讓金芒自己來挑選。

沒想到，她竟然挑了一套粉色套裝，毛絨絨的長裙子外搭一件短而厚的絨毛外套。要命的是，她腳上穿的是運動鞋，並且冬天她只有這一雙鞋，我沒打算再幫她買雙可以配套的靴子。

穿著白色運動鞋，再配上這套臃腫不堪的毛絨絨衣裙，怎麼看都像我在老電影中看到的清朝時期老員外的形象——上身披著貂皮衣，下身穿著大長袍，腳上踏著平底棉鞋，腿上穿著厚棉褲。一整個「矮肥短」的形象啊！

於是，我建議她買別的，並且告訴她運動鞋跟這套衣裙不搭，看起來有點好笑。

可是她義正辭嚴地說：「妳不是要我自己選擇嗎？我就覺得這個好。」

我是真的尊重孩子的選擇嗎？我不禁問自己，嘴巴上說尊重孩子，卻以個人好惡去讓孩子符合自己的審美標準，我真的做到尊重孩子的主見了嗎？

可是……如果真的讓她穿這套衣服出門，會讓我很丟臉啊！別人會以為這就是金芒媽媽的審美標準……畢竟，這是個媽媽們都恨不得把女兒打扮成時裝模特兒的時代，小女孩們一個個都打扮得很有氣質。我的孩子這麼「特別」，大家會不會覺得我的審美太LOW了啊？

哦，靜靜地傾聽了一下內心的想法，我果然還是在意別人對自己的看法啊！為了孩子的獨立思考，必須放下自己的面子和成年人僵化的自以為是的審美。好吧！在經過一番小小的腦內劇場後，還是同意了她的選擇。

從那天晚上開始，金芒夜夜抱著這套衣服睡覺，直至第二年的春天來臨。在此之前，她從來沒有如此喜愛哪件衣服，我不禁暗暗慶幸自己當初沒有強硬地否定孩子的感覺和選擇。

接送她往返幼稚園的路上，不管別人怎麼看她這身裝扮，我只是告訴自己：不論別人說什麼，女兒自己喜歡就好！我應該支持她！因為在審美上，人都是主觀的。她自己在經驗中和別人的評價裡也會慢慢去調整自己或者堅定自己，這用不著我操心。

貼心小語

不論是父母與孩子之間，還是任何的人與人關係之間，或許都應該保持這樣的界限和關係：我雖然不欣賞你的選擇，並且給你我認為對的選擇，但是如果你自己有其他的選擇，我也尊重你的看法，並且很欣賞你這一有主見的行為——即便我還是更喜歡另一個選擇。

一百公尺遠的距離——練習分離

「媽媽，今天樂樂給我鈣片了！」金芒一放學就忍不住和我分享她在幼稚園的事情。

「咦，老師不是不允許小朋友帶吃的去幼稚園嗎？」

「她偷偷給我的，老師不知道！」

「那太好了，妳有什麼東西可以給樂樂呢？」

「媽媽，妳幫我和樂樂一人買一瓶牛奶吧！」

孩子有了朋友，並且互相分享，真的太好了，對於這樣的要求，我從不拒絕。

從超市買了兩瓶牛奶後，金芒飛快地拿在手裡走在我的前面，到了十字路口，我決定不再跟著她。看她能不能獨自做這件事。

樂樂家距離我停下來的地方大概有一百公尺的距離。這一百公尺的路，路況比較複雜，除了要穿過擁擠的小吃店的桌椅和人群，還要提防藥局或者餐廳隨時走動的車輛和人，以及注意一些趴在門前或者在街上閒逛的小狗。

她要記得樂樂家是眾多商店中的哪一家，到了那裡，她該如何進門，如何溝通，如何把自己的禮物送到接收者的手中。

這一百公尺遠的距離，對於四歲的金芒來說，是一項挑戰。

第六章　父母與孩子的關係

站在十字路口的起點，我鼓勵她自己去走這段路。我用眼神給她鼓勵，並且向她揮揮手，給她一個信任的姿態，傳達給她一個資訊：這沒什麼，妳一定可以做到的。

我的孩子出發了，這一百公尺是我目光所能觸及的距離，是我可以觀察到的距離，雖然我未與妳同行，我的孩子，但我一直注意妳的一舉一動。

如果她被什麼擋住了，我就跳起來，還要跟蹤幾步，既怕讓她看見，又不能讓她在視野中消失。

金芒很快穿過密集的小吃店桌椅，來到了樂樂家附近。但是，她沒在店鋪外發現她的朋友，她站在那裡，猶豫茫然，目光不時往我的方向張望。我則一直向她甩手，表示「去做吧！」

孩子站在那裡很久，不知道該怎麼辦。看來她遇到了問題。

我一直忍住，沒有走過去，後來實在等得太久了，金芒往我的方向移動幾步，又掉頭回去幾步。看來她很猶豫。

當她再次將目光投向我時，我向她招手，示意她過來。金芒終於接到了可以回歸的指令，飛快向我跑來。

「怎麼了，寶貝？」

「樂樂不在那裡。」金芒遺憾地說。平時樂樂總在幼稚園放學後在自己家的店鋪門外玩，很容易碰上，金芒原以為自己隨便就能在樂樂家附近的街上發現她，可是這次卻撲了個空。

「在街上碰不到樂樂，妳要怎麼樣才能把牛奶給她呢？」看來還需要繼續啟發她的思考。

「不知道。」看來無效。

「妳知道樂樂家在哪裡嗎？」我繼續啟發。

「平時都是和媽媽一起去，我沒注意呀……」孩子總是跟隨家長，自己就不會有主動的觀察。

「門前擺了很多大箱子的那戶就是樂樂家。如果妳知道樂樂家在哪了，但樂樂不在家，妳該用什麼辦法把牛奶給她呢？」

「看不到樂樂，我可以進屋找樂樂的媽媽，讓她媽媽轉交給她！」金芒終於開竅了。

金芒又開心地跑走了，等她興高采烈地回來，我知道她終於送出去了。

「阿姨說，樂樂和弟弟出去玩了！」

寶貝，妳知道嗎？妳就像媽媽手裡的風箏，媽媽會有意識地將妳越放越遠，從媽媽

第六章　父母與孩子的關係

目光所能觸及的地方開始，一直到媽媽看不到的地方，妳會離我越來越遠，但是，妳的翅膀也會越來越有力量。最後，我們就靠這條名為親情的線來維繫彼此，來呼應彼此，透過這條線，媽媽會把愛和力量向妳源源不斷地傳遞，直到永遠。

雖然這個過程中媽媽有些緊張，有些焦慮，也有些擔心，但是，這是作為媽媽必須要承受的心理成長經歷；妳在被放手的過程中可能也會有些膽怯，有些害怕，有些不自信，但是只要妳突破了這個障礙，妳就能體會來自自我的力量，這也是妳的成長過程中必須要累積的寶貴經驗，只有不斷累加這些經驗，你才能擁有屬於自己的真正自信。

親愛的孩子，今天妳能獨立走出一百公尺遠的地方，明天妳一定能走出更遠！媽媽祝福著妳，總有一天妳會離開我，媽媽雖然擔心妳，但是我卻不能代替妳去做妳自己的事情。等妳向遠處飛翔時，我希望妳已足夠強壯，而妳的力量，就在這平時的一次次分離和距離之中一點一滴的錘鍊。

這個世界上所有的愛都以聚合為最終目的，只有一種愛是以分離為目的，那就是父母對孩子的愛。

這種愛真的很特殊，你愛他，還要慢慢讓他分離出你的生命，直到他不需要你，直到他能獨立面對屬於他自己的世界。

越早撤退、越早放手，孩子越容易適應他們的未來。

貼心小語

「生而不有，為而不恃，長而不宰」，《道德經》裡就有過對深遠的「德」的描述，天地生養萬物，就有這樣的「大愛」，而父母通常也被比喻成孩子的天和地，但是，我們是否能夠給予孩子這樣的愛？不論如何，這可以成為我們努力的方向和目標。

孩子是來渡我們的佛

有句老話：「月子的病要月子裡治。」意思是說要想治療坐月子裡出現的毛病，下一次坐月子時是最合適的契機。

我不知道這個說法有沒有醫學根據。但是心理治療中有一種說法，就是讓來訪者回到當初的場景中，表達當時的感受，讓能量完成它的旅程，而不是卡在那裡，或者無意識中做出一些與環境不太協調的行為，從而造成自己或者他人的不適。

如果不是金芒，如果不是因為陪伴她成長，我就沒有機會重新走一遍人生路，也沒有機會重新修復過往隱蔽的心靈創傷。

因為意識到父母才是孩子真正的起跑點，只有父母不斷成長，才是對孩子最好的教育，所以我一邊在陪伴孩子成長的過程中努力學習與兒童發展有關的知識，一邊在言行舉止中觀察自己，尤其感到痛苦時，我學會反思自己的內心到底產生了什麼變化，我有了哪些情緒和想法，腦海中有什麼畫面產生，從而深入地認識自己。

既然最終的目的是成長，就不要在乎以什麼方式。既然選擇放棄工作，以育兒為先，那麼孩子同樣可能成為見證自己成長的對象和載體。

一次，我去參加一個心理聚會。一個三十多歲的女子對著一個扮演自己母親的人發怒，發怒的原因與這個女子的情感有關。不知怎麼，我的怒氣也油然升起，對那個母親很是憤怒。但，好在我瞬間就察覺到了自己的情緒——我的憤怒從何而來呢？

一些零碎的畫面開始在潛意識中被調取出來：

那是一個冬天的中午，兩個媽媽在聊天，一個四歲的女孩和同齡的鄰居兒子正彎著腰，鬼鬼祟祟地，一趟一趟往房子西邊的隱蔽過道運著石頭……在選址的時候，兩個孩子先是重點考慮了戶外的廁所，是比較安靜和隱蔽的地方，但還是會有人來啊！不安全！

經過四處偵查，他們最終選定了房子西邊的那個角落。把石頭鋪平，「床」搭好了，男孩把褲子脫下來，女孩也向他露出了自己的私處，兩個孩子都好奇地觀察著：原來這麼不一樣啊！到底是哪裡不一樣呢？他們又進一步觀察著……這個東西有沒有味道呢？他們還相互品嘗了下——哦，有點鹹味，一點都不甜！這時候，男孩讓女孩躺在「床」上，並且趴了上來——

男孩摸著頭還不知道下一步該怎麼做時，女孩的媽媽已經出現在了他們身後。

女孩被媽媽抓起來拉到院子裡，媽媽用一隻手扯著女孩的手臂，另一隻手揚起重重的巴掌，朝女孩的屁股就是一頓痛打：「這麼小，竟然做這種傷風敗俗的事情！」被打了幾下之後，女孩哭著懇求媽媽：「再也不敢了！」因為女孩的媽媽很少打人，因此，那一次的嚴厲懲罰讓女孩刻骨銘心，只記得羞恥遠遠超越了疼痛。

男孩和女孩再也不敢見面，小小年紀，女孩就已品嘗到了孤單和沉重。不久，男孩一家搬到了市區，遠離了這個村落。可是，女孩卻一直堅持認為，就是因為自己與他做了如此見不得人的事情，他們一家才選擇遠離，他們搬家是因為想遠離自己……罪惡感和內疚感壓如同一座大山壓在小女孩的心上。

幾年後，男孩的家人來老鄰居家探親，女孩的媽媽與他們熱情寒暄，女孩卻仍然在她們面前抬不起頭來，不敢說一句話。男孩曾在二十歲那年陪著母親來過家裡，女孩一

第六章　父母與孩子的關係

直慶幸當時自己沒有在家，躲過了如此尷尬的見面。當媽媽提起這個男孩的名字，已經成年的女孩依然因為羞恥而無法去接媽媽的話題。

又有幾年過去了，女孩結了婚，卻總是覺得那事情很「髒」……當有一天，愛人輕鬆地談起他童年的性遊戲，女孩的心觸動了一下，但還是未能開口。

是的，我就是那個曾經背負沉重的心靈十字架的女孩。

在情感問題上壓抑的對媽媽的憤怒，當在無意中被一些場景所提醒的時候，就被激發了出來。

後來細細研究兒童發展心理學，當看到兒童性心理發展內容時，我的心頭一動，眼淚忍不住掉下來：原來童年那行為與道德無關！更與品性無關！

多年的沉冤終於昭雪！

因為痛過，所以懂得。幼時受到的教育真的會影響人的一生。

為了避免其他的父母對孩子使用不當的教育方式，我開始在身邊的機構舉辦「兒童性教育公益講座」，和爸爸媽媽們一起探討當遇到各式各樣的兒童問題時，我們該如何應對，該掌握的原則是什麼。後來還專門寫了一系列的書，從懷孕期、零至三歲、三至六歲、青少年階段，父母和孩子該如何在心理方面調適和心靈成長。

後來，竟然有雜誌社請我寫專欄、電視臺來找我上節目，我也開始為別人做心理諮商……

同時，自己也在逐步好轉，不再那麼敏感了。當我終於聯絡上童年的那個男孩，以鄰居的身分和他聊過去和現在時，我發現自己已經不再緊張，能從容面對了。

話說回來，如果不是因為過去的「創傷」需要療癒，我不可能有這麼大的動力在心理和教育領域探索這麼久；要不是因為對女兒的愛，我也不可能有這麼大的動力去修復和提升自己。

因此，一切都很好。

人生，總是有屬於自己的功課要做嘛！父母設置了課題，兒女來督促你解題。如果你逃避不面對問題，兒女就會繼續背負問題，一代代傳遞下去……

沒有人有所謂絕對完美的原生家庭，但是原生家庭的影響卻是終身的。童年決定了我們生命初期的生命品質，但成長卻是我們自己一輩子要去完成的事情。

你選擇了成長，選擇了追求飽滿幸福的人生，就要從原生家庭的繭中奮力掙脫，而我們的孩子，恰好來為我們提供支持！他們會把我們的過往人生映照得清清楚楚，有足夠長的時間讓我們自我反省，自我修正。

從這個角度說，孩子何嘗不是來渡化我們的人呢？

貼心小語

選擇自己所愛，愛自己的選擇，這樣才能活得自由自在。如果你選擇做父母，就要愛自己這個選擇，唯有從中找快樂、找好處，才能成為人生的贏家。透過孩子成長自己，我認為沒有比這個好處更大的了，你認為呢？

孩子是來渡我們的佛

電子書購買

國家圖書館出版品預行編目資料

重啟的二次人生 孩子讓我成為更好的自己：心理諮商師 × 老公前世情人，從懷孕生產到全職媽媽，苦中作樂、笑中帶淚的育兒日記 / 李麗著 . -- 第一版 . -- 臺北市：崧燁文化事業有限公司，2021.11

面； 公分

POD 版

ISBN 978-986-516-897-1(平裝)

1. 育兒 2. 通俗作品

428　　110017297

重啟的二次人生　孩子讓我成為更好的自己：心理諮商師 × 老公前世情人，從懷孕生產到全職媽媽，苦中作樂、笑中帶淚的育兒日記

臉書

作　　者：李麗

編　　輯：柯馨婷

發 行 人：黃振庭

出 版 者：崧燁文化事業有限公司

發 行 者：崧燁文化事業有限公司

E-mail：sonbookservice@gmail.com

粉 絲 頁：https://www.facebook.com/sonbookss/

網　　址：https://sonbook.net/

地　　址：台北市中正區重慶南路一段六十一號八樓 815 室

Rm. 815, 8F., No.61, Sec. 1, Chongqing S. Rd., Zhongzheng Dist., Taipei City 100, Taiwan (R.O.C)

電　　話：(02)2370-3310　　　傳　　真：(02) 2388-1990

印　　刷：京峯彩色印刷有限公司（京峰數位）

定　　價：350 元

發行日期：2021 年 11 月第一版

◎本書以 POD 印製